LA SCIENCE DES CAMPAGNES

LE JARDIN POTAGER

NOTIONS PRATIQUES

de

CULTURE MARAICHÈRE

par

YSABEAU, Agronome.

LIBRAIRIE CLASSIQUE
DE
PAUL DUPONT
Rue de Grenelle-St-Honoré, 45, Paris.

LE JARDIN POTAGER

« ...Les ouvrages composant la *Bibliothèque des Campagnes*
« sont admis comme livres de *lecture courante* dans les biblio-
thèques scolaires... » (*Circulaire de S. Exc. le Ministre de l'inst.
publ., du 23 février 1863.*)

CLICHY. — Impr. de Maurice Loignon et Cie, rue du Bac-d'Asnières, 12.

LA SCIENCE DES CAMPAGNES.

LE JARDIN POTAGER

NOTIONS PRATIQUES

de

CULTURE MARAICHÈRE

par

YSABEAU, Agronome

1863

CULTURE MARAICHÈRE

De toutes les divisions du jardinage, celle qui se rattache par les liens les plus intimes à l'agriculture, c'est la CULTURE MARAICHÈRE. Ses travaux ont pour but, comme ceux de l'agriculture, la production des denrées alimentaires en quantité proportionnée aux besoins de la consommation; il n'y a pas d'exagération à affirmer que l'abondance et le prix modéré des produits de la culture maraîchère importent au bien-être des populations urbaines, presque au même degré que le bas prix et l'abondance des produits de l'agriculture.

Ainsi que l'indique son nom, la culture maraîchère a pris naissance dans les *marais* desséchés de la vallée de la Seine, autour de Paris. On conserve encore, dans les anciennes familles du jardinage parisien, les titres par lesquels le roi Charles V, dit le Sage, a concédé aux ancêtres des maraîchers actuels de vastes terrains marécageux, à la condition de les dessécher pour les cultiver en légumes, et en apporter les produits sur le carreau des halles de Paris. En dehors du cercle d'approvisionnement de la capitale, l'horticulture maraîchère est pratiquée avec soin et talent sur quelques points de la France, spécialement près d'Amiens (Somme), de Pézenas (Hérault), de Perpignan (Pyrénées-Orientales) et de Cavaillon (Vaucluse). Ailleurs, ce genre de jardinage n'est porté nulle part à la même perfection, sauf de rares exceptions pour certaines cultures spéciales, comme celle des artichauts, aux environs de Laon (Aisne), et celle des asperges, près de Roye et de Montdidier (Somme). Il importe donc, au plus haut degré, de vulgariser les excellents procédés de la culture maraîchère ; partout où les débouchés ne manquent pas pour ses produits, et de nos jours, grâce aux chemins de fer, ces débouchés ne manquent pour ainsi dire nulle part, la culture maraîchère peut être une source de grande aisance pour ceux qui l'exercent avec talent ; partout ailleurs, elle fournit au cultivateur le moyen de faire produire de bons légumes, sains et nourrissants, à son modeste jardin, au lieu d'y récolter des produits grossiers, bons seulement pour la nourriture des bestiaux : il améliore par là son régime alimentaire en consolidant sa santé et celle de sa famille, au grand avantage de toute la société.

Choix et préparation du sol.

Quand le jardinier maraîcher reprend la suite des opérations d'un prédécesseur sachant son métier, sa besogne est à moitié faite ; il trouve le terrain tout préparé, amené de longue main à son maximum de fertilité : il n'a plus qu'à marcher dans un sentier tracé, en continuant la pratique de son devancier. Il en est tout autrement quand il doit créer son potager sur un sol qui n'a jamais été consacré à la culture maraîchère ; là, tout est à faire, et, selon le dicton des maraîchers parisiens, *il faut sept ans pour faire un bon marais.* Il lui importe donc essentiellement de bien choisir, autant que les circonstances peuvent le lui permettre, le terrain sur lequel il se propose d'installer sa culture. En principe, toute bonne terre à blé, plutôt un peu légère que trop forte, à l'exposition de l'est et du sud-est, convient à la culture maraîchère. Le sol doit être découvert, plutôt bas que trop élevé, abrité, s'il est possible, par un rideau de grands arbres du côté du nord et du nord-ouest. Si le sous-sol est imperméable, un bon drainage préalable est de toute nécessité. Dans ce cas, au lieu de laisser les eaux provenant du drainage s'écouler au dehors, on les réunit dans un bassin creusé à la partie la plus basse de la pente générale du terrain: c'est un élément d'irrigation qui ne coute rien. Aux environs de la capitale, la nature du terrain, pourvu qu'il soit perméable et suffisamment profond, est regardée comme à peu près indifférente. Le maraîcher, par les façons et les fumures sans cesse renouvelées, par l'emploi non interrompu du terreau et de tous les principes fertilisants dont ses cultures ne peuvent se passer, change complétement la nature du sol: il *fait* son terrain, selon l'expression reçue, et sait amener par là au plus haut degré de fertilité un terrain de qualité médiocre, pourvu qu'il soit bien exposé, et que l'eau ne manque pas pour les arrosages: cette considération est prépondérante.

La culture maraîchère en général repose sur deux éléments, l'eau et le fumier. Avant de s'établir dans une localité favorable au débouché facile des produits de son industrie, le maraîcher doit donc s'assurer en inspectant les puits du voisinage, qu'il n'aura pas à puiser l'eau à une trop grande profondeur, que l'eau disponible est de bonne qualité, et qu'elle ne lui manquera pas au moment du besoin. Aussi, quand, par un hasard heureux, il peut trouver pour commencer ses opérations un emplacement convenable traversé par un cours d'eau qui ne tarit pas en été, il doit s'empresser de s'y installer, quand même la terre en serait médiocre ou décidément mauvaise : l'eau et le fumier, par la culture maraîchère, ont promptement raison des terres les plus ingrates.

La préparation du sol commence par un défoncement très-soigné, pendant lequel le sol est débarrassé non-seulement des pierres, mais aussi des racines de plantes vivaces et des morceaux de bois pourri qui peuvent s'y rencontrer. Ces débris, en se décomposant dans le sol, se couvrent de champignons souterrains qui s'attachent aux racines des plantes cultivées et peuvent leur causer un tort irréparable. Il faut ensuite s'assurer que le sol contient de la chaux en quantité suffisante ; ce qu'on doit, en cas de doute, faire vérifier par une analyse chimique confiée à un homme compétent. La chaux est mêlée à de la terre et à du gazon décomposé, pour former un *compost* qu'on incorpore au sol par un labour superficiel donné à la bêche. Si le compost de chaux et gazon a été préparé en octobre ou novembre, il peut être enfoui en décembre ou janvier. A la même époque, le tracé des allées droites et transversales est fait sur le terrain pour la facilité du service ; les conduits souterrains pour l'eau destinée aux arrosages sont en même temps posés sous les chemins et sentiers. Cette partie des avances préparatoires pour la création d'un jardin maraîcher est la plus dispendieuse ; mais aussi c'est une dépense une fois faite, et quand elle est bien faite, il n'y a plus à y revenir.

Les maraîchers parisiens ont fait usage pendant des siècles, pour puiser l'eau nécessaire aux arrosages, d'un appareil qu'ils nommaient *manivelle*, et qui fonctionnait avec le secours d'un cheval aveugle. L'eau puisée par la manivelle allait se déverser dans un bassin, d'où, par des tuyaux souterrains, elle se rendait dans des tonneaux enfouis à fleur de sol.

Depuis quelques années seulement, la manivelle est remplacée par un manége horizontal qui fait agir un corps de pompe, et les tonneaux, qui se dégraaaient rapidement, ont cessé d'être en usage. On leur substitue des bassins en ciment romain, plus chers, mais plus durables que les tonneaux enterrés. Tout ce système doit être bien établi, prêt à fonctionner, avant le début de la culture maraîchère sur un terrain neuf.

Engrais et amendements.

Cela fait, il reste à faire provision d'engrais et d'amendements. Celui qui cultive un marais d'un hectare seulement ne peut guère se dispenser d'avoir une charrette et un cheval pour le transport incessant du fumier, dont, sur une surface de cette étendue, il ne peut employer moins de 200 mètres cubes tous les ans. Il lui faut aussi pour débuter une ample provision de terreau provenant de vieilles couches rompues ; il en trouve facilement à acheter chez ses confrères ; plus tard, il en aura lui-même surabondamment ; il ne doit s'en procurer du dehors que pour ses premières cultures. Quant aux engrais, le meilleur de tous est le fumier de cheval, surtout en raison de la propriété qu'il possède au plus haut degré de suspendre sa fermentation pendant un temps indéfini, lorsqu'il est conservé sec, et de la reprendre au moment voulu, dès qu'il est arrosé. Le maraîcher peut néanmoins employer également les fumiers de bêtes bovines, de moutons et chèvres, de porcs, de lapins, et même les boues de ville, quand cet engrais est à demi décomposé. Chaque jardinier utilise de son mieux les engrais disponibles dans ses environs; en tout cas, il ne doit rien entreprendre avant d'être certain que ces engrais ne lui manqueront pas à des prix raisonnables, et en quantité proportionnée aux besoins de sa culture. Cette nécessité de se procurer toute l'année beaucoup de fumier est, à vrai dire, l'obstacle capital qui s'oppose, dans une foule de localités, à l'extension de la culture maraîchère, parce que le jardinier maraîcher ne peut pas, comme le fermier, consacrer une portion de la terre qu'il cultive aux plantes fourragères pour nourrir du bétail, et produire sur place les engrais dont sa culture ne peut se passer.

Matériel.

Le maraîcher ne doit rien ménager pour se munir de tout le matériel réclamé par sa culture, selon son importance. Ses outils, bêches, râteaux, binettes, doivent être de diverses grandeurs, tous solides, bien emmanchés, faciles à manier, afin qu'ils ne puissent jamais lui faire défaut au moment du besoin.

La meilleure bêche pour la culture maraîchère est la *bêche flamande* (figure 1re), à lame plus longue que large, aussi large en bas qu'en haut, pas trop lourde, bien tranchante, légèrement courbée dans le sens de sa longueur. Cette bêche, usitée de temps immémorial par les jardiniers du nord de la France, commence à être appréciée et adoptée dans tous les jardins maraîchers ; il n'y en a pas qui lui soit comparable.

Les *fourches* à dents de fer, droites ou courbes, servent pour le chargement et déchargement du fumier, à la confection des couches, à l'arrachage des légumes racinés, et à donner à la terre des façons superficielles rapides et très-efficaces, surtout en temps de sécheresse prolongée.

Les *houes*, dont le maraîcher emploie habituellement deux modèles, font un très-bon service ; elles ont seulement l'inconvénient de causer beaucoup de fatigue à l'ouvrier, qui ne peut s'en servir qu'en se tenant courbé dans une position gênante. La houe à lame carrée (figure 2) est la plus usitée ; la houe à deux dents plates ou *bident* (figure 3) est d'un emploi avantageux dans les terres un peu dures, qui ne sont pas totalement exemptes de chiendent ou d'autres racines de mauvaise herbe.

Le *râteau* à dents de fer est la herse du jardinier maraîcher ; il lui en faut de diverses grandeurs, les uns en bois, avec des dents de fer cylindriques un peu courbes, les autres tout en fer, à dents longues pointues, rapprochées les unes des autres, pour agir sur les terrains compactes dont la surface a besoin d'être exactement ameublie et pulvérisée. L'un des usages les plus utiles du râteau, dans la culture maraîchère, c'est de recouvrir les semis à la volée, en mêlant exactement à la terre de la surface des planches les graines qui, comme celles de carottes et d'oignons, doivent être très-peu enterrées.

La *binette* ou *serfouette* (figure 4), armée d'un côté de deux dents solides, de l'autre d'une lame bien tranchante, est le plus commode des outils de jardinage pour biner et sarcler les cultures en lignes ; c'est sa destination spéciale ; elle sert aussi pour tracer les rigoles et ouvrir les trous ou *poquets* qui doivent recevoir certaines graines dont le volume exige qu'elles soient assez profondément enterrées.

L'arrosoir, dont le jardinier maraîcher fait un si fréquent usage qu'il ne quitte pas ses mains, pour ainsi dire, du printemps à l'automne, ne doit être ni trop petit, ce qui multiplierait inutilement les voyages des planches au bassin, ni trop grand, ce qui le rendrait trop lourd à porter : une capacité de 10 à 12 litres est la plus convenable. On a renoncé à peu près partout en France aux arrosoirs belges, de forme cylindrique, seuls usités précédemment dans le Nord, et aux anciens arrosoirs parisiens, au ventre très-renflé ; on leur a substitué avec raison, depuis une vingtaine d'années, l'arrosoir à flancs plats (figure 5), qu'on peut porter sans écarter les bras, et qui par cela seul impose aux ouvriers moins de fatigue que les arrosoirs des autres modèles. Une petite pompe portative (figure 6), dont le bec est à volonté armé d'une gerbe d'arrosoir, est utile pour arroser avec économie de temps et de peine les planches les plus rapprochées du bassin : l'emploi de cet utile instrument épargne une partie de la main d'œuvre pour le transport de l'eau sur le terrain à arroser. Pour bien comprendre l'importance de cette économie, il faut avoir vu les maraîchers parisiens, pendant les ardeurs de la canicule, courir, un arrosoir dans chaque main, et maintenir constamment frais, pendant les plus longues sécheresses, les terrains naturellement brûlants, où tout périrait, si l'on cessait un seul instant de les arroser. L'habitude seule peut faire supporter de si rudes fatigues à ces hommes robustes et courageux ; c'est beaucoup de leur en épargner au moins une partie, à l'aide de la pompe portative.

Les outils de jardinage ne sont pas la partie la plus coûteuse du matériel nécessaire au jardinier maraîcher ; il lui faut un nombre plus ou moins considérable de *coffres* recouverts de chassis vitrés pour les couches, qui sont, pour ainsi dire, l'âme de sa culture. Il a besoin aussi d'un bon assortiment de cloches de verre et de paillassons, soit pour couvrir au besoin les cloches et les chassis, soit pour créer des abris temporaires au moyen de piquets plantés en ligne, de l'est à l'ouest, auxquels on suspend des paillassons formant espalier à l'exposition du plein midi. Étant pourvu de tout son matériel en état de service, le maraîcher peut commencer ses opérations.

Opérations de jardinage.

Pour le jardinier maraîcher comme pour le fermier, la plus importante des opérations c'est le *labourage*. Dans le jardin maraîcher, on laboure toute l'année, et à tout moment ; la profondeur ordinaire de ces labours multipliés n'est jamais moindre que la longueur d'un fer de bêche (30 à 35 centimètres), quand on se sert de cet instrument. L'ouvrier commence par creuser une fosse, dont il transporte la terre à l'aide d'une brouette à l'extrémité de la planche par laquelle il doit terminer son travail. Cette fosse est ce que les jardiniers nomment la *jauge*; on dit d'un bon laboureur : « Il bêche bien ; on l'enterrerait dans sa jauge. »

Les autres labours moins profonds sont donnés avec la houe carrée, le bident, ou la fourche à dents de fer. Quand la terre, d'ailleurs bien ameublie par un ou plusieurs labours précédents, est seulement durcie à sa surface par la sécheresse, elle se façonne très-bien avec la fourche, qui lève de grosses mottes faciles à briser et à pulvériser à l'aide du râteau pesant, à dents pointues. Cette façon, en pareille circonstance, vaut un labour à la bêche.

S'il est nécessaire de répéter les labours pour chaque culture dans le jardin maraîcher, il ne l'est pas moins de renouveler les *sarclages*, tant que la mauvaise herbe y fait invasion, et les *binages* aussi souvent qu'une croûte se forme à la surface du sol cultivé. Cette croûte devient souvent très-dure après quelques jours seulement de sécheresse survenue à la suite d'une forte pluie qui a battu ou, comme disent les jardiniers, *plombé* la surface de la terre. Si elle n'est pas divisée par un binage, elle presse le collet des racines des plantes, et retarde sensiblement leur croissance.

Les *arrosages* ont, comme on l'a dit, une importance capitale dans la culture maraîchère. Les maraîchers parisiens ont pour principe que quand un potager n'est pas arrosé à fond, il vaudrait mieux qu'il ne le fût pas du tout : aussi ne disent-ils jamais *arroser*, mais *mouiller* le terrain, en y versant, sous forme de pluie, 10 à 12 litres d'eau par mètre carré, et répétant cette irrigation trois ou quatre fois par jour. Dans le Nord et dans nos départements voisins du littoral de l'Océan et de la Manche, la fréquence des pluies permet de ne pas arroser aussi souvent et aussi largement ; dans le Midi, le travail de l'irrigation à l'arrosoir ne serait pas supportable : les jardins maraîchers sont arrosés comme les prairies irriguées, au moyen de rigoles par lesquelles l'eau est introduite pour imbiber à fond les planches cultivées en légumes. Mais on insiste sur ce point, qu'arroser trop peu, c'est faire plus de tort à la terre que de la laisser sèche. En effet, une petite quantité d'eau versée sur un sol altéré s'évapore, en refroidissant la couche superficielle avant que les plantes cultivées aient eu le temps d'en profiter ; il eût mieux valu pour elles s'abstenir de les arroser.

Plantes potagères.

Pour que le jardinier maraîcher se rende compte exactement des besoins de chaque genre de plantes objet de ses soins et de la culture spéciale qu'elles réclament, il faut qu'il les range dans un ordre méthodique, basé non sur leurs caractères botaniques, mais sur l'analogie des produits utiles qu'il en veut obtenir. Considérées de ce point de vue, les plantes potagères se présentent dans l'ordre suivant, rangées dans quatre divisions naturelles :

1re section. — Plantes à graines comestibles ;
2e   —   Plantes à feuilles et fleurs comestibles;
3e   —   Plantes à fruits comestibles ;
4e   —   Légumes-racines.

Chaque plante comprise dans une de ces quatre sections est soumise à des soins particuliers de culture, peu différents pour celles de la même section.

PREMIÈRE SECTION,

PLANTES A GRAINES COMESTIBLES,

Cette section comprend tous les légumes proprement dits, dans le sens que les botanistes attachent à cette expression. Ces plantes ont pour caractère commun la forme des cosses ou siliques qui renferment leurs graines, et qui porte en botanique le nom de *légumes;* elles appartiennent toutes pour cette raison à la famille des *Légumineuses.* La première section comprend le *haricot,* le *pois,* la *fève* et la *lentille.*

Haricots,

Le haricot, apporté des Indes en Europe à une époque à laquelle une date précise ne peut être assignée, a produit par la culture une grande variété d'espèces : on n'en compte pas aujourd'hui moins de 300. Toutes ont conservé le tempérament de l'espèce primitive; toutes périssent dès que la température descend seulement à un demi-degré au-dessous de zéro. Le haricot, à quelque variété qu'il appartienne, ne peut donc être cultivé à l'air libre que depuis le moment où il ne gèle plus, jusqu'à celui où il ne gèle pas encore. Au point de vue de la culture, les haricots sont rangés dans deux divisions distinctes : celle des *haricots à rames,* et celle des *haricots sans rames* ou *haricots nains.*

Originairement, tous les haricots ont été à rames, c'est-
à-dire que leurs longues tiges volubiles ont eu besoin
d'appui, et se sont enroulées autour des tiges des plantes
voisines : de là la nécessité de les ramer. Quelques variétés, en fleurissant de bonne heure avec abondance au
bas des tiges, ont perdu la faculté de croître en hauteur :
elles sont devenues les haricots nains.

Parmi les haricots à rames, le premier rang appartient
au haricot *blanc de Soissons*, à très-grandes rames ; viennent ensuite le *haricot sabre*, qui doit son nom à la forme
particulière de ses longues cosses, et le *haricot princesse*,
la meilleure des variétés nombreuses connues sous le nom
de *mange-tout*, parce qu'au moment où le grain est déjà
parvenu à son volume normal, les cosses sont encore
tendres et de très-bon goût. Les deux premiers haricots
sont principalement cultivés pour leur grain sec ; le troisième est consommé à l'état frais. Les jardiniers qui cultivent le haricot pour en vendre le grain sec font sagement de
s'en tenir aux haricots blancs et d'exclure les haricots de couleur, lesquels sont particulièrement du domaine de la grande
culture ; le haricot blanc sec se vend toujours plus avanta-
geusement que le haricot de couleur. Il y a pour cela une
raison bien connue des acheteurs : quand tous les haricots
de la récolte annuelle n'ont pas pu être vendus dans
l'année, et qu'on mélange les anciens avec les nouveaux,
la cuisson de ce légume est inégale et difficile. Le mélange
ne s'aperçoit pas aisément chez les haricots de couleur,
les anciens ayant à peu près la même nuance que les
nouveaux ; il est au contraire très-visible chez les haricots
blancs : ceux de l'année précédente ont une teinte jaunâtre
qui les fait reconnaître au milieu des haricots nouveaux,

d'un blanc lustré ; il n'y a pas moyen de s'y tromper. Cette préférence du consommateur pour les haricots blancs comme légume sec doit engager le jardinier maraîcher à n'en pas cultiver d'autres, quand leurs produits ne doivent pas être vendus à l'état frais.

Le haricot demande une terre plutôt légère que forte ; il craint également les deux extrêmes de la sécheresse et de l'humidité. On sème, sous le climat de Paris, du 10 au 15 mai ; c'est l'époque la plus favorable quand le grain doit être récolté complétement mûr. Si l'on se propose de récolter seulement des haricots verts et des haricots en grains à écosser frais, les semis peuvent être continués de quinze en quinze jours jusqu'en juillet. On plante habituellement le haricot en *poquets*, par touffes de cinq ou sept, selon le volume que doivent acquérir les plantes. La terre, labourée et fumée comme pour toute autre culture jardinière, est sillonnée de raies peu profondes, tracées avec la binette le long d'un cordeau, les unes dans le sens de la longueur des planches du potager, les autres en travers ; les points de rencontre de ces lignes marquent la place des touffes de haricots. La distance est de 50 centimètres pour les grandes espèces de haricots à rames, et de 40 seulement pour les haricots nains. On ouvre avec la houe un trou de 5 à 6 centimètres de profondeur ; on jette cinq ou sept haricots dans chaque trou, en ayant soin qu'ils ne se touchent pas réciproquement. Si l'on peut disposer d'une bonne provision de cendres de bois tamisées, il est bon d'en jeter une poignée sur les haricots avant de les recouvrir de terre ; aucun amendement ne produit un effet plus direct que les cendres de bois ou même de tourbe sur la végétation des haricots. On peut, quand on a semé par un temps favorable, la terre n'étant ni trop sèche ni trop humide, planter les rames au moment même des semis. Dans les pays de plaine souvent balayés par des vents violents, on incline les rames sur deux rangs, les unes vers les autres, et on les rattache deux par deux à 1 décimètre de leur sommet, ce qui leur donne beaucoup de solidité.

Il faut apporter beaucoup d'attention à l'état de la terre au moment où l'on sème les haricots ; si elle est trop sèche, le haricot subit en terre une demi-germination qui, faute d'humidité, ne peut se compléter ; il languit et ne donne jamais des plantes vigoureuses; si elle est trop humide et que la température ne soit pas assez douce, il pourrit et ne lève pas. La levée des haricots est assez souvent contrariée par la croûte qui se forme à la surface du sol à la suite de fortes pluies survenues après les semis ; on doit sans tarder briser cette croûte avec précaution, en se servant des dents d'une très-petite binette, sans quoi la levée des haricots serait manquée. Les haricots nains sans rames, les meilleurs pour la culture maraîchère, sont le *hâtif de Hollande* et le *flageolet de Paris*. Le premier l'emporte quant à la précocité; le second, quant à la fécondité. On peut semer toutes les espèces de haricots nains, soit en poquets, comme les haricots à rames, soit en lignes continues ; cette dernière disposition est préférable dans les terrains frais, partout où le climat est sujet à des pluies fréquentes : il s'établit dans ce cas entre les lignes de haricots des courants d'air qui favorisent la prompte évaporation de l'humidité superflue. Sous un climat sec, il vaut mieux semer en poquets ; les touffes, formant un ombrage épais, conservent mieux la fraîcheur du sol. Quand le terrain est très-humide et le climat très-pluvieux, deux circonstances peu favorables à la culture du haricot, on peut, en se conformant d'ailleurs aux indications qui précèdent, ne point enterrer les haricots des semis et les déposer seulement aux distances convenables sur le sol bien ratissé. On rassemble sous forme d'une petite éminence la terre sur les haricots, qui lèvent alors beaucoup mieux que s'ils avaient été enterrés.

En Belgique, on pratique pour les semis de haricots une méthode particulière qui peut être suivie avec avantage dans tous nos départements au nord de la Seine. Le sol, convenablement labouré et fumé, est égalisé au râteau ; puis on y creuse aux distances voulues, selon l'espèce de haricots qu'on se propose d'y semer, des trous ou poquets dans lesquels on ne sème rien. On amène dans le sentier qui sépare les planches du potager un tonneau posé sur une brouette et rempli de purin ou jus de fumier, mêlé d'engrais humain délayé, mélange connu des cultivateurs du Nord sous le nom d'*engrais flamand*. On verse dans chaque trou environ un demi-litre de cet engrais, après quoi les trous sont comblés et le sol est ratissé, comme si les poquets n'y avaient pas été creusés. Quinze jours plus tard, à la place qui correspond à cette fumure d'engrais liquide, on pose les haricots sur le sol sans les enterrer, et l'on ramène un peu de terre par-dessus en forme de butte pour les recouvrir. Leurs racines, rencontrant en terre la fumure donnée à leur intention, en profitent complétement, et les haricots poussent avec une vigueur exceptionnelle.

Quand les haricots sont bien levés, on leur donne un premier binage, suivi d'un second quinze jours plus tard ;

ils ne tardent pas à couvrir tout le terrain, ce qui prévient le développement ultérieur de la mauvaise herbe.

Pour gagner du temps et obtenir des haricots verts de bonne heure à l'air libre, on sème sur couche tiède, sous chassis, des haricots nains hâtifs, qu'on transplante en place dès que la température extérieure le permet, et qui reçoivent ensuite les mêmes soins de culture que ceux de même espèce semés en place. Il ne faut récolter les haricots verts ou en grains qu'avec précaution, soit pour ne pas déraciner les plantes, soit pour éviter de faire tomber les fleurs, qui adhèrent peu à leur pédoncule. Les haricots à rames cultivés comme légume *sec* doivent être récoltés à trois ou quatre reprises, à mesure qu'une partie des cosses arrive à maturité ; sans cette précaution, une grande partie des haricots mûrs les premiers se gâterait dans les cosses et serait perdue. On conserve dans les cosses les haricots destinés à être semés l'année suivante ; ils sont écossés seulement au moment de les semer.

Contrairement aux règles de rigueur à l'égard des autres plantes cultivées, le haricot peut être semé plusieurs années de suite à la même place sans qu'on remarque une diminution notable dans ses produits, soit en quantité, soit en qualité, et sans porter atteinte d'une manière appréciable à la fertilité du sol.

Pois.

Le pois, originaire d'Asie comme le haricot, est cependant un peu moins sensible que lui aux atteintes du froid ; il résiste (sauf le pois chiche, variété tout à fait méridionale) à une petite gelée d'un ou deux degrés centigrades. La culture a donné naissance à beaucoup de variétés de pois, moins nombreuses cependant que celles du haricot. Les jardiniers distinguent deux séries de pois, les *pois à rames* et les *pois sans rames* ou *pois nains*; ces derniers se recommandent surtout par leur précocité.

Les meilleurs parmi les pois à rames sont, pour la culture maraîchère, les pois de *Champigny*, de *Marly*, de *Clamart* et le *pois ridé de Knight*. Aucun de ces pois n'est très-précoce; tous préfèrent un sol léger, sablonneux, fumé l'année précédente pour une autre culture, à un sol très-fertile et récemment fumé; dans ces conditions, les pois de toute espèce poussent trop en tiges et en feuilles, fleurissent peu et ne donnent presque pas de grain.

Les meilleurs pois nains sont le *Michaux de Hollande*, le plus précoce de tous, le pois *prince Albert*, et le pois anglais *Reine des nains*, dont la tige ne s'élève pas à plus de 25 centimètres. Tous ces pois sont précoces et parfaitement appropriés à la culture maraîchère, parce qu'ils occupent peu d'espace et cèdent de très-bonne heure la place à d'autres cultures. Il est bon de remarquer que le maraîcher n'a point intérêt à conduire jusqu'au bout la culture des pois et à les laisser arriver à complète maturité, sauf ceux dont il destine les produits à ses semis de l'année suivante. Il ne cultive les pois que dans le but de récolter des pois à écosser frais, sous le nom de *pois verts*; les pois secs, dont les approvisionnements maritimes absorbent des quantités considérables, sont produits non par la culture maraîchère, mais par la grande culture.

Les pois à rames ne sont semés qu'au printemps, vers la première quinzaine de mars. On sème en lignes ou en poquets, comme les haricots ; on met cinq à six pois dans chaque trou ; les touffes sont espacées à 25 centimètres en tous sens. Lorsqu'on sème en lignes, elles sont espacées entre elles de 30 ou 40 centimètres, selon le développement présumé des plantes. Un peu de cendres de bois tamisées répandues sur les pois au moment des semailles leur est aussi utile qu'aux haricots. Huit à dix jours après que les pois sont levés, on leur donne un premier binage, puis un second dix ou quinze jours plus tard, et l'on place les rames. Quand on cultive les pois assez en grand, les rames sont un objet de dépense assez lourde. Pour les espèces de taille moyenne, cette dépense peut être évitée par le procédé suivant. Entre chaque ligne de pois et à la même distance, on sème un rang de fèves de marais qui croissent en même temps que les pois, et dont les tiges droites et fermes servent de soutien aux tiges flexibles des pois. Ce mode de culture appliqué au pois ridé de Knight et au pois de Marly, qui demandent de très-grandes rames, ne donnerait que des résultats médiocres ; les tiges des pois, s'élevant beaucoup au-dessus de celles des fèves, manqueraient de soutien à leur partie supérieure, et ne seraient pas très-productives. Les pois de Champigny, au contraire, et toutes les variétés de hauteur moyenne produisent à peu près autant lorsqu'ils sont soutenus par des lignes de fèves que quand ils sont ramés, parce que la hauteur de leurs tiges ne dépasse que de très-peu celles des fèves.

Les pois sans rames peuvent être semés à deux époques déterminées, à la fin de novembre et au commencement de février. Les semis de novembre ne peuvent être faits qu'au pied d'un mur à l'exposition du plein midi. Quand l'hiver est doux, la tige centrale du pois gèle seule, la racine résiste ; elle rentre de très-bonne heure en végétation, et donne des tiges latérales qui fleurissent et fructifient de très-bonne heure ; mais si l'hiver est un peu sévère, tout est gelé. Il en est souvent de même des pois des mêmes variétés naines et précoces, semés dès les premiers jours de février. Quand il ne survient pas plus tard de fortes gelées, ils fleurissent et fructifient presque à la même époque que les pois semés en novembre qui ont supporté l'hiver. S'ils gèlent, on se hâte de les remplacer par des semis faits à la même place dans la première quinzaine de mars. Quand les pois nains précoces sont en pleine fleur, on retranche le sommet des tiges, dont les fleurs sont pour la plupart stériles ; cette suppression hâte la formation du grain dans les cosses du bas des tiges. De quelque manière qu'elle soit conduite, la culture des pois nains précoces n'est jamais très-productive ; mais quand elle réussit, les pois verts qu'elle donne de très-bonne heure sont vendus à des prix avantageux, et le terrain, promptement débarrassé, peut recevoir une autre culture ; c'est presque l'équivalent d'une récolte dérobée.

Le *pois chiche*, complétement différent de tous les autres pois, est nain et peu productif, si ce n'est dans les plus méridionaux de nos départements ; sa tige et ses feuilles ressemblent à celles de la lentille. On sème le pois chiche au printemps, dans les mêmes conditions que les pois nains précoces ; il fleurit peu et ne se charge jamais beaucoup. Son grain est rarement destiné à être consommé comme légume frais ; on le récolte en qualité de légume sec, consommé principalement sous forme de purée, d'une saveur très-prononcée, agréable seulement pour ceux qui y sont habitués.

Fèves.

La fève, originaire d'Égypte, est sensible au froid à peu près au même degré que les pois ; on en possède plusieurs variétés, les unes à haute tige, les autres tout à fait naines. Les fèves à haute tige sont peu cultivées dans les jardins maraîchers ; on les cultive en grand en plein champ pour les approvisionnements maritimes. On cultive principalement dans les potagers, parmi les espèces jardinières de grande taille, la *fève de marais* et la *fève de Windsor*, espèce anglaise dont le grain reste vert quand il est complétement mûr. Parmi les variétés naines, la *fève julienne*, précoce et de très-bonne qualité, est celle qui convient le mieux à la culture maraîchère.

On sème les fèves en place dès la fin de février à bonne exposition ; on met deux fèves dans chaque trou, en espaçant les touffes à 30 centimètres, dans les lignes espacées entre elles de 50 centimètres pour les grandes espèces, et de 40 pour les naines. Quand les plantes ont environ 1 décimètre de haut, elles sont binées avec soin et légèrement buttées. Plus tard, si la mauvaise herbe les envahit, on les sarcle une fois ou deux, puis, au moment de la pleine floraison, on supprime toutes les sommités fleuries, ce qui favorise la formation des fèves dans les cosses inférieures, les seules qui soient fertiles.

On peut, pour hâter la récolte des fèves, les semer en pépinière, soit sous cloche, soit à l'air libre, au pied d'un mur au midi, dès la fin de janvier ; elles ne tardent pas à lever, et donnent du plant assez délicat qui périrait si, chaque fois qu'il gèle, il n'était abrité sous une couverture de litière longue; on découvre les fèves lorsqu'il cesse de geler. Après la fin des grands froids, vers le 15 février, si la température le permet, les fèves sont transplantées à demeure, deux à deux, en observant les mêmes distances que pour les semis en place. On gagne par ce procédé huit à dix jours sur la marche naturelle de la végétation des fèves semées en place à l'air libre.

La fève à pour ennemi le puceron noir, qui l'envahit pour ainsi dire instantanément, suce les tiges et les feuilles et fait périr la plante. Quand on s'en aperçoit à temps, et que l'espace infesté de pucerons noirs n'est pas trop étendu, on peut arrêter leur multiplication désastreuse en arrosant les fèves avec une forte infusion de tabac à fumer dit *de caporal*. On verse l'eau bouillante sur le tabac, à raison de 60 grammes de tabac pour 10 litres d'eau ; on se sert de l'infusion pour en arroser les fèves dès qu'elle est complétement refroidie. Le jardinier maraîcher ne laisse pas mûrir la fève ; elle est récoltée verte et vendue comme légume frais. Une expérience curieuse, que chacun peut vérifier, consiste à couper au niveau du sol les tiges des fèves d'espèces précoces aussitôt après la récolte des cosses vertes ; la souche émet aussitôt de nouvelles tiges qui fleurissent et portent fruit avant la fin de l'automne.

Quand les fèves sont environ à la moitié de la hauteur normale de leur espèce, on plante dans les intervalles des lignes des choux de Milan ou de Bruxelles, ou bien on y sème des carottes ; dès que la récolte des fèves est enlevée, le terrain se trouve occupé par une autre culture, et il n'y a pas de temps perdu, sans que le produit des fèves en grains frais en soit diminué.

Lentille.

La lentille est rarement admise dans la culture maraîchère, parce qu'elle est la moins productive des plantes potagères de la famille des Légumineuses ; elle fleurit peu, et chacune des cosses qui succèdent à ses fleurs ne contient pas plus de deux graines. Par compensation, la lentille, qu'on ne mange jamais comme légume frais, est le plus nourrissant des légumes secs. La plante est originaire d'Asie ; l'Écriture sainte atteste que la lentille a été, dès l'antiquité la plus reculée, cultivée pour la nourriture de l'homme dans les pays de l'Orient. On sème la lentille comme des haricots nains, dans les mêmes conditions de sol et de fumure, et avec le même espacement entre les touffes. La plante doit être binée deux fois au moins et soigneusement sarclée ; elle redoute beaucoup le voisinage de la mauvaise herbe. La culture de la lentille n'est ici mentionnée qu'en raison de l'excellence de sa graine ; elle est d'ailleurs si peu féconde que ses produits couvrent à peine les frais de sa culture. Celles qui existent dans le commerce sont le produit non de la culture maraîchère, mais de la grande culture. On cultive deux espèces distinctes de lentilles, la *lentille commune* et la *lentille à la reine* ; le grain de cette dernière est d'un gris brun, plus petit que celui de l'espèce commune, la plus cultivée des deux.

DEUXIÈME SECTION.

PLANTES A FEUILLES ET FLEURS COMESTIBLES.

Cette section comprend une grande variété de plantes potagères appartenant à des familles botaniques fort éloignées les unes des autres. Ces plantes occupent une très-large place dans le jardin maraîcher et dans la cuisine de tous les peuples européens.

Les plantes potagères dont on mange les feuilles sont, en première ligne, les *choux*, le *céleri*, les *cardons*, la *rhubarbe*, l'*oseille*, l'*épinard*, la *tétragone*, l'*asperge* et les *salades*; et en seconde ligne, le *persil*, le *cerfeuil*, l'*estragon* et la *civette*. Ces deux dernières plantes sont principalement cultivées pour accompagner les salades en qualité de *fournitures*.

Les plantes potagères dont on mange les fleurs ne sont qu'au nombre de deux; mais leur culture est au rang des plus importantes; ce sont le *choufleur* et l'*artichaut*.

Choux.

Le chou, de la famille des *Crucifères* est une des plantes potagères le plus anciennement cultivées; les propriétés salubres de cette plante, à part ses qualités alimentaires, n'avaient point échappé aux anciens : l'histoire rapporte que, pendant les quatre siècles où Rome se passa de médecins, le chou, sous diverses formes, mais surtout en tisane, fut le seul médicament opposé à toutes les maladies. Ce remède inoffensif avait le mérite de laisser agir la nature, et de ne pas empêcher la guérison quand le mal n'était pas mortel par lui-même.

Les principales variétés de chou admises dans la culture maraîchère forment plusieurs groupes, comprenant : 1° les *choux cabus*, à pomme ronde, à feuilles lisses et a feuilles cloquées, dont les plus estimés sont le *chou blanc d'Alsace, chou à choucroute* ou *chou quintal* ; le *chou rouge*, en tout semblable au précédent, sauf la couleur de ses feuilles d'un rouge violet ; le *chou de Milan* ou *de Savoie*, aussi nommé *chou frisé*, avec ses nombreuses sous-variétés, et le *chou de Bruxelles*.

2e groupe : *choux à pomme conique*, dont les meilleurs sont le *cœur de bœuf* ou *pain de sucre* ; le *chou d'York*, le plus délicat de cette série ; le *chou cenique de Poméranie*, bon et très-volumineux.

3e groupe : *choux verts*, ayant tous pour caractère commun celui de ne pas pommer, de rester constamment verts, et de résister au froid sans abri à l'air libre. Les meilleurs choux verts sont : le *vert frisé*, le *frisé panaché* et le *frisé tricolore*. Les choux de ce groupe sont ceux dont l'usage est le plus restreint ; on ne les cultive que dans les jardins maraîchers du nord de la France, sur les frontières de la Belgique, où ils sont cultivés en grand et très-estimés.

Tous les choux prospèrent dans les terres fortes et fertiles, moyennant une fumure abondante de fumier de bêtes à cornes. Le sol doit être préparé par deux labours profonds ; plus il est léger, plus il y faut enfouir de fumier pour que les choux y forment des pommes tendres et volumineuses. Les choux, à quelque variété qu'ils appartiennent, ne peuvent être semés en place. On élève le plant en pépinière pour le mettre en place à demeure quand il est suffisamment développé. Quand le plant de choux obtenu de semis a pris ses premières feuilles, on le *repique*, c'est-à-dire qu'on l'arrache pour le transplanter une première fois en lignes, à 8 ou 10 centimètres de distance en tous sens. Il y prend de la force pendant vingt à vingt-cinq jours, en attendant sa plantation définitive. Il est toujours utile de ne planter à demeure que du plant de chou déjà fort ; c'est toujours celui qui donne les meilleurs produits. Quand la terre du jardin maraîcher n'est que médiocrement fertile, comme l'est celle des marais de récente création, on doit, pour obtenir de très-beaux choux, leur donner au pied une fois par semaine, avec un arrosoir sans gerbe, un bon arrosage d'engrais liquide.

Les choux sont un légume si sain et si généralement recherché, que le jardinier maraîcher doit s'arranger pour que les marchés en soient approvisionnés en toute saison. A cet effet, il sème la graine de choux au printemps, dans la première quinzaine de mars, ce qui lui donne du plant bon à mettre en place en mai ; il obtient ainsi des *choux d'été* livrés à la consommation en juillet et août. Il sème une seconde fois en avril et mai, pour avoir du plant à transplanter en juin, dont les pommes, formées en septembre, octobre et novembre, sont conservées pour la vente pendant tout l'hiver. Il sème une dernière fois du 15 août au 15 septembre, plus tôt ou plus tard, selon l'état de la température ; les semis sont retardés, quand les sécheresses de la fin de l'été se prolongent. Le plant provenant de ces semis est repiqué dans des plates-bandes au pied d'un mur au midi ; moyennant un abri de paillassons ou de litière longue, il passe bien l'hiver sous le climat de Paris, et peut être mis en place de très-bonne heure au printemps. Les choux à pomme conique sont les meilleurs pour ces semis tardifs ; ce sont ceux qui forment le plus tôt leur pomme au printemps suivant. En adoptant cette marche, le maraîcher a des choux à vendre à peu près toute l'année.

Le *chou de Bruxelles* réclame des soins particuliers. Ce chou, qui appartient au groupe des choux de Milan, finit toujours par former une petite pomme au sommet de sa tige très-élevée ; mais ce n'est pas en vue de ce produit qu'il est cultivé. Dans les aisselles de ses feuilles naissent de très-petits choux durs et serrés, d'un excellent goût, qui possèdent la propriété de résister très-bien au froid tant qu'il ne dépasse pas 5 ou 6 degrés, surtout dans une situation abritée contre les vents du nord ; on peut donc récolter les choux de Bruxelles successivement, et en alimenter les marchés pendant la plus grande partie de l'hiver. A cet effet, on sème une première fois en mars pour avoir du plant à mettre en place en mai, et récolter des petits choux en septembre et octobre ; on sème une seconde fois en mai : le plant de ces derniers semis donne du plant bon à transplanter à la fin de juin. Les choux de Bruxelles de dernière plantation sont levés en motte à l'entrée de l'hiver et mis en jauge au pied d'un mur au midi ; ils s'y conservent jusqu'à la fin de l'hiver. On peut ainsi récolter les choux de Bruxelles en mars et avril, et les vendre avec avantage à une époque où il n'y a presque plus d'autres légumes frais à porter au marché.

Céleri.

Le *céleri*, de la famille des *Ombellifères*, est surnommé par excellence la *bonne herbe*, dans le midi de la France, où on le trouve en abondance parmi les herbes des prairies humides voisines des côtes de la Méditerranée. Il doit ce surnom à ses propriétés bienfaisantes autant qu'à la saveur aromatique qui lui est propre; employé comme assaisonnement, le céleri facilite la digestion d'un grand nombre de mets; il combat particulièrement les propriétés trop rafraîchissantes de certaines salades auxquelles il peut être associé.

On cultive plusieurs espèces de céleri, dont les plus estimées sont le *céleri commun*, le *blanc*, le *rouge*, le *rose*, le *frisé* et le *céleri-rave*, espèce entièrement différente des autres céleris cultivés.

On sème le céleri en pépinière, à l'air libre, sur une plate-bande, à l'exposition du midi; les semis doivent être clairs, afin que le plant soit devenu robuste au moment où il est mis en place vers la fin de mai. Le céleri n'est réellement bon et propre aux usages auxquels on le destine que quand il a été blanchi par étiolement. A cet effet, on prépare le terrain pour la transplantation de la manière suivante. Après l'avoir bien labouré et très-largement fumé, on le divise en planches d'un mètre de large, mais sans séparer les planches par des sentiers. De deux en deux planches, on enlève la terre, et on en forme un ados, ce qui donne pour résultat des fosses alternant avec des ados: la profondeur des fosses doit être de 35 à 40 centimètres. Dans chaque fosse, on plante quatre rangs de céleri, en lignes espacées entre elles de 20 centimètres ; les plants dans les lignes sont à 25 centimètres les uns des autres ; ils doivent être abondamment arrosés. A mesure que le céleri croît en longueur ; on réunit les feuilles au moyen d'un lien de jonc ou de paille de seigle, et on donne un premier buttage en se servant d'une partie de la terre des ados. La plante, qu'il ne faut pas se lasser d'arroser, à moins que le temps ne soit pluvieux, continue à s'allonger ; on lui donne successivement un second lien, un second buttage, et plus tard un troisième, de sorte que toute la terre mise en ados se trouve employée. Les côtes des feuilles de céleri deviennent par l'étiolement blanches et tendres, en même temps que leur saveur chaude et aromatique s'adoucit et devient plus agréable. A l'entrée de l'hiver, on enlève en motte, sans les délier, les plants de céleri ; on plante leurs racines dans du sable frais, soit à la cave, soit dans un local exempt d'humidité, où la gelée ne puisse les atteindre ; le céleri s'y conserve jusqu'au printemps. Quand on veut avoir du céleri toute l'année sans interruption, on sème la graine sur couche sous chassis en janvier et février, pour avoir du plant à mettre en place à mesure que l'état de la température le permet ; on le traite d'ailleurs comme on vient de l'indiquer.

Le céleri-rave, excellente espèce très-cultivée par les maraîchers de Belgique, de Hollande et d'une partie de l'Allemagne, est peu cultivée en France, parce qu'il est rarement usité dans la cuisine française. On sème la graine, soit sur couche, soit à l'air libre, comme celle du céleri commun ; on le met en place en lignes, à 30 centimètres en tous sens ; il n'a pas besoin d'être butté. Le céleri-rave ne pouvant croître et donner de bons produits qu'à force d'arrosages, on entoure chaque planche d'un rebord saillant, afin que l'eau des arrosages ne puisse s'écouler dans les sentiers qui séparent les planches. La partie utile du céleri est non pas la racine, mais le collet de la racine, qui, dans une bonne terre bien fumée, arrosée sans relâche, devient très-volumineux. Le céleri-rave des dernières plantations est conservé à la cave, comme le céleri commun : il peut être livré à la consommation pendant tout l'hiver. Avant de se livrer à la culture de cette espèce de céleri, le jardinier maraîcher doit s'assurer qu'il en trouvera le placement ; quoique ce soit un excellent légume, il ne convient pas à tous les consommateurs.

Cardon.

Le *cardon*, qu'on pourrait aussi bien nommer chardon, car c'est un chardon véritable comme l'artichaut, son proche parent, est, de même que le céleri-rave, un légume que le maraîcher ne doit cultiver qu'avec réserve, et en consultant l'état du marché. On en mange un peu partout en France, surtout dans les grandes villes ; mais on en mange peu et rarement, et celui qui en produirait trop à la fois pourrait être embarrassé pour en trouver le placement. On cultive plusieurs espèces de cardons, toutes originaires du midi de l'Europe. Les plus estimées sont : le *cardon de Paris*, le meilleur de tous, le *cardon d'Espagne*, le *cardon plein* et le *cardon de Tours*. Ce dernier, bien qu'aussi bon que les autres, est moins cultivé, parce que ses feuilles sont armées de piquants plus ou moins gênants pour le jardinier.

Le cardon, plante de la famille des *Composées*, plonge ses racines très-avant dans le sol ; sa culture ne peut réussir que dans une terre riche et surtout profonde. Quand le sol a été bien labouré et bien fumé, on y trace en long et en large des lignes espacées entre elles de 80 centimètres en tous sens. Aux points d'intersection de ces lignes, on creuse des fosses de 50 centimètres de diamètre et de 30 de profondeur, qu'on remplit de fumier à demi décomposé ; sur ce fumier bien piétiné, on répand une couche de terreau d'un décimètre d'épaisseur. On sème dans ce terreau les graines de cardon, à raison de trois dans chaque trou, afin d'obtenir trois plantes, dont on supprimera plus tard les deux les moins vigoureuses. Les semis en place, pratiqués de cette manière, ne doivent être faits qu'en avril, quand tout retour de froids tardifs a cessé d'être à craindre. On peut aussi semer sur couche sous chassis en février et mars ; le plant de ces semis est transplanté du 10 au 15 mai, dans les mêmes conditions de fumure et d'espacement que pour les semis en place. Les semis de graine de cardon doivent être arrosés tous les jours où il ne pleut pas ; cette graine ne lève qu'au bout de trente jours. Comme le plant se développe assez lentement, on peut utiliser les intervalles en y cultivant des radis et du cerfeuil, ou en y transplantant du plant de laitue d'espèce précoce. Ces divers produits sont bons à récolter avant que les cardons se soient emparés de tout le terrain. Les feuilles, dont les côtes charnues sont la seule partie comestible de la plante, n'ont atteint toute leur longueur que vers la fin de septembre, quand la graine a été semée en place. On doit alors s'occuper de les faire blanchir par étiolement. Après avoir réuni les feuilles en faisceau par trois liens de paille de seigle, on les recouvre d'une *chemise* de paille dont les épis doivent être dans leur position naturelle ; les chemises sont maintenues par trois liens ; plus elles sont épaisses, plus l'étiolement des feuilles est prompt et complet. Afin que la paille ne se dérange pas, on butte fortement le pied de chaque touffe de cardon, de manière à couvrir de terre le bas de chaque chemise de paille, ce qui la maintient en place, même quand il survient des vents violents. On ne fait pas blanchir tous les cardons à la fois ; une fois étiolés, ils ne tarderaient pas à pourrir ; on blanchit seulement la quantité qui doit être envoyée au marché chaque semaine.

Rhubarbe.

Les pétioles ou queues des feuilles de diverses rhubarbes, et les confitures préparées avec ces feuilles cuites, passées au tamis de fer et associées au sucre, n'ont pas encore pris dans la cuisine française la place importante qu'elles occupent dans la cuisine anglaise. Le jardinier maraîcher, avant de se mettre à cultiver la rhubarbe, doit donc consulter l'état du marché. Près de Paris, de Tours, de Montpellier et des autres villes habitées une partie de l'année par de nombreuses familles anglaises, il lui sera avantageux de cultiver la rhubarbe en proportion du débit présumé ; ailleurs, le produit de cette culture ne se vendrait pas.

On cultive plusieurs variétés de rhubarbe, dont les plus estimées des amateurs sont la *précoce d'Ayton*, la *rhubarbe ondulée*, la *rhubarbe prince Albert* et la *rhubarbe groseille*.

La rhubarbe, de la famille des *Polygonées*, se multiplie par la séparation des rejetons enracinés. Rien de
plus rustique que cette plante, qui prospère dans tous les
sols et à toutes les expositions ; comme la plante prend un
grand développement, le plant doit être mis en place à
un mètre de distance en tous sens. A mesure que les
côtes ou pétioles des feuilles s'allongent, on butte le pied
des plantes pour les faire blanchir ; on récolte les feuilles
pour la vente en ménageant les plus rapprochées du
centre, qui grandissent et sont cueillies à leur tour. Quand
la rhubarbe se dispose à fleurir, il se forme au centre des
feuilles un bourgeon destiné à devenir la tige florale de
la plante ; on a proposé d'accommoder cette pousse centrale comme le choufleur. Quoique ce légume ait été fort
vanté sous le nom *rhufleur*, nous sommes de ceux qui le
regardent comme médiocre, incapable de rivaliser avec le
choufleur. Toutefois, il est nécessaire de faire remarquer
que c'est à tort que le mot rhubarbe éveille dans la
pensée du consommateur français l'idée d'un purgatif et
d'une saveur médicamenteuse. Cette saveur, ainsi que les
propriétés médicales de la rhubarbe, résident exclusivement dans la racine ; les côtes des feuilles et le bourgeon
central en sont complétement dépourvus et n'ont, tout
préjugé à part, aucun goût de nature à rappeler la phar-
macie.

Oseille.

L'*oseille*, type du genre *rumex*, est une des plantes
potagères dont la cuisine française peut le moins se passer.
Quoiqu'elle ne nourisse pas dans le vrai sens du mot,
l'oseille cuite et hachée assaisonne les œufs, la viande,

le poisson, et aide à les digérer ; son agréable acidité compense par ses propriétés salubres ce qui lui manque du côté des propriétés alimentaires.

On cultive plusieurs variétés d'oseille, dont les meilleures sont l'*oseille de Belleville* et l'*oseille de Hollande*, à larges feuilles. On cultive aussi, pour la consommation d'été, l'*oseille vierge*, ainsi nommée parce qu'elle ne produit ni fleurs, ni graines. On multiplie l'oseille, soit de semis en place, en bordure autour des carrés du potager, soit par la division des touffes au printemps. Près des grandes villes, les maraîchers plantent des planches entières d'oseille où les touffes sont à 25 centimètres les unes des autres, de sorte qu'elles couvrent tout le terrain. A l'approche des premières gelées, on étend sur ces planches un lit épais de paille ou de litière longue ; sous cet abri, l'hiver n'interrompt pas la végétation de l'oseille, dont la feuille peu développée se vend un bon prix pendant toute la mauvaise saison. Chaque fois que le temps s'adoucit, la couverture est déplacée, pour être remise en place en cas de gelée ; le maraîcher a de cette manière de l'oseille tendre à porter au marché toute l'année. Plus l'oseille est exposée au soleil, plus son acidité est prononcée ; elle est plus douce quand elle croît à l'ombre, à l'exposition du nord. L'oseille ne réclame d'autre soin de culture que celui de supprimer les tiges florales à mesure qu'elles se forment : ce soin n'est pas nécessaire quand on ne cultive que l'oseille vierge. Quoiqu'une plantation d'oseille puisse durer pour ainsi dire indéfiniment, la plante étant vivace au plus haut degré, il est bon, si on veut en obtenir constamment de bonnes feuilles en abondance, de renouveler les plantations tous les trois ans.

Épinard.

L'*épinard* est, comme l'oseille, dépourvu de propriétés nutritives, et il ne rachète pas ce défaut par une saveur bien relevée. Il s'en fait néanmoins une très-grande consommation en France, et sa culture tient une place indispensable dans le jardin maraîcher. Cette culture est surtout avantageuse en raison du peu de temps qu'elle exige, ce qui permet de s'en servir pour utiliser un carré de jardin laissé libre par une autre culture aux approches de la mauvaise saison.

L'épinard, de la famille des *Atriplicées*, est dioïque et bisannue; il porte sur des pieds séparés des fleurs mâles et des fleurs femelles, et ne donne sa graine qu'à la seconde année. On sème la graine d'épinard à la volée, soit au printemps, soit à la fin de l'été. Les produits de cette culture n'ont pas assez de valeur pour qu'on lui accorde des façons et une fumure pour elle seule ; l'épinard profite des restes de la fumure donnée à une culture précédente.

On cultive plusieurs variétés d'épinards, dont les deux meilleures sont l'*épinard de Hollande*, à graine ronde, et l'*épinard d'Esquernes*, tous deux à feuilles plus larges et de meilleur goût que l'espèce commune. L'épinard de ces deux variétés doit, quand il est bien levé, être éclairci, de façon à ce que les touffes soient à peu près à 20 ou 25 centimètres les unes des autres. Les premières gelées qui frappent sur les épinards donnent à leurs feuilles un aspect fané et une demi-transparence qui pourrait les faire regarder comme perdus ; pour leur rendre leur bonne apparence, on les plonge pendant un bon quart d'heure dans de l'eau très-froide ; on les en retire pour les laisser bien égoutter et les étendre à terre sur de la paille propre, dans un local à l'abri de la gelée.

Dès qu'il est ressuyé, l'épinard revient à son premier état ; il est alors aussi bon pour la cuisine que s'il n'avait pas souffert du froid.

On réserve tous les ans une partie des épinards de l'année précédente comme porte-graines. Les plantes mâles sont arrachées après leur floraison ; la graine des plantes femelles est récoltée aussitôt qu'elle est parvenue à maturité.

Tétragone.

On ne mentionne que pour mémoire la *tétragone*, plante de la Nouvelle-Zélande, introduite en Europe vers la fin du dernier siècle, et qui possède une saveur tellement semblable à celle de l'épinard que, quand ces deux plantes sont cuites avec le même assaisonnement, il est impossible de les distinguer l'une de l'autre. La tétragone a sur l'épinard l'avantage de ne pas monter en graine pendant les fortes chaleurs de l'été ; on sait que quand l'épinard monte, son produit en feuilles, seule partie comestible de la plante, devient nul. Malgré cette propriété, la tétragone est peu cultivée dans les potagers, parce que la lacune qu'elle est destinée à combler, comme remplaçant l'épinard, survient dans une saison où le jardin maraîcher est surabondamment fourni de légumes d'une valeur supérieure, qui font dédaigner l'épinard et la tétragone. Cette plante est cultivée de point en point comme l'épinard : on doit seulement semer très-clair, parce que les tiges rampantes de la plante occupent beaucoup d'espace.

Asperges.

La culture de l'asperge est une des plus importantes de toutes celles qui peuvent prendre place dans le jardin maraîcher ; les produits de cette culture sont toujours recherchés et vendus à un bon prix ; il n'y en a jamais assez en proportion des demandes.

L'*asperge*, type de la famille des *Aspariginées*, présente dans sa végétation une particularité à laquelle il faut faire attention avant d'entreprendre sa culture, qui exige beaucoup de fumier, et qui ne commence à rembourser par ses produits les avances du jardinier qu'au bout de quatre ans. Un terrain qui a précédemment porté des asperges, lesquelles y sont mortes de vieillesse, ne peut plus en produire , s'il n'a été livré *pendant* 10 *à* 12 *ans* à d'autres cultures ; sinon, l'asperge refuse d'y croître. Il importe donc de s'assurer que le terrain où l'on veut établir une plantation d'asperges n'en a pas porté depuis 10 ans au moins ; faute de cette information, la culture de l'asperge, conduite de la façon la plus rationnelle, dans les terres qui conviennent le mieux à cette plante, peut échouer complétement.

La culture de l'asperge n'est pas comme beaucoup d'autres cultures jardinières, possibles seulement à proximité des villes, où des milliers de chevaux, soit de luxe, soit de gros trait, mettent de grandes quantités de fumier à la disposition du jardinage. L'ancienne méthode d'entasser sous les asperges des masses de fumier en grande partie perdu est actuellement abandonnée ; la culture des asperges peut donner d'excellents produits en absor-

3

bant autant d'engrais que toute autre culture jardinière, mais rien de plus. Il y a pour la création d'une grande plantation d'asperges deux méthodes, toutes deux également bonnes quant au résultat définitif : on peut procéder par semis en place, ou par plantation. Les semis en place sont plus économiques ; c'est le procédé qu'on suit généralement dans la très-grande culture. Voici en quoi il consiste. Tout le terrain est divisé en planches d'un mètre de large, comme pour la culture du céleri. On enlève d'une planche sur deux 25 centimètres de terre qu'on reporte sur la planche suivante, de sorte qu'on a une série de fosses alternant avec des ados. On défonce à la bêche, le fond des fosses à un fer de bêche, et l'on y incorpore une forte fumure de fumier de cheval ou de bêtes bovines ; celui des bêtes bovines est le meilleur. Le sol, fumé et bien égalisé au râteau, est recouvert d'une couche mince de 5 à 6 centimètres seulement de bon terreau de couches rompues ; on sème dans ce terreau la graine d'asperges, en trois lignes pour chaque fosse. Les deux lignes voisines du bord de la fosse doivent en être éloignées de 25 centimètres ; la troisième ligne occupe le milieu de chaque fosse, à égale distance des deux autres lignes. Les graines sont déposées, deux dans chaque trou, à 25 centimètres de distance dans les lignes. Quand la graine lève, la jeune asperge, semblable à un fil vert, se voit à peine ; il faut attendre pour la faire sarcler qu'elle ait 5 à 6 centimètres de haut. Les semis d'asperges doivent être sarclés à la main ; ce travail ne peut être confié qu'à des ouvrières attentives à leur besogne, sans quoi une partie du plant serait arrachée avec la mauvaise herbe. On donne un second et, s'il est nécessaire, un troisième sarclage pour empêcher la mauvaise herbe d'étouffer le plant d'asperges. Les ados sont utilisés pour des cultures de pois nains, précoces, de choux d'York, de haricots nains, de fraisiers, ou d'autres plantes basses; le produit de ces cultures aide à attendre celui des asperges. Tous les ans, au mois de novembre, les tiges jaunies des asperges sont coupées au niveau du sol, et l'on rejette sur les fosses quelques centimètres de terre prise sur les ados.

Au printemps de la seconde année, on donne en couverture une demi-fumure aux planches d'asperges, et on les sarcle au besoin dans le courant de la belle saison ; la même culture est continuée les années suivantes ; on ne commence à récolter les asperges que la quatrième année. A dater de cette époque, les planches d'asperges bien établies, en bon terrain, plutôt léger et sableux qu'argileux et compacte, peuvent rester productives pendant douze à quinze ans sans interruption. Au bout de cinq à six ans, les ados ont disparu, et les planches sont nivelées ; on y a pris tous les ans 4 à 5 centimètres de terre pour recharger les planches d'asperges. On prend alors de la terre pour les rechargements annuels à la place où ont été les ados. Quand la plantation d'asperges est épuisée, elle se trouve former elle-même des ados séparés par des fosses dans lesquelles la culture des asperges peut être recommencée, dans une terre neuve, avec toute chance de succès.

La terre de *l'aspergière*, épuisée quant aux asperges, est aussi fertile que sa nature le comporte pour toute sorte d'autres cultures maraîchères.

La seconde méthode ne diffère de la première que par

un seul point; au lieu de semer en place la graine d'asperges, on plante des *griffes* de deux ans élevées en pépinière, qu'on met en place dans les fosses préparées comme ci-dessus, et aux distances indiquées pour les semis.

Chaque griffe d'asperge se compose d'un paquet de tubercules allongés nommés *doigts*, réunis sur un plateau central. Lorsqu'on plante les griffes, il faut avoir soin de ne pas trop écarter leurs doigts qui se rompent facilement, et de les poser sur un monticule formé d'une poignée de terreau, afin qu'il ne reste pas de vide en dessous, ce qui pourrait y faire naître la moisissure et retarder leur végétation. Les premières grosses asperges ne doivent être récoltées, dans les plantations de griffes, que la troisième année, bien que, dès la seconde, il s'en trouve d'assez grosses pour être livrées à la consommation; les aspergières récoltées trop tôt sont ruinées et n'ont pas d'avenir. La méthode par plantation de griffes fait gagner une année; mais le prix élevé des griffes rend le plus souvent cette méthode inapplicable à la très-grande culture.

Chaque année, le plateau central duquel partent les doigts des griffes de l'asperge se soulève et se rapproche de la surface du sol; c'est cette particularité de la végétation de l'asperge qui impose au cultivateur l'obligation de recharger de terre tous les ans les planches d'asperges. Le plateau de chaque griffe est donc tous les ans à une profondeur variable; si l'on ne se rend pas exactement compte de cette profondeur lorsqu'on récolte les asperges, on peut attaquer le plateau et tuer ainsi un grand nombre de griffes au moment même où leur produit va récompenser le jardinier de trois ou quatre ans de soins de culture. On se sert, pour couper l'asperge entre deux terrès, de couteaux d'une forme particulière dont l'emploi exige un certain degré d'adresse et d'habitude. Le travail de la récolte des asperges ne doit être confié qu'à une main exercée.

On laisse sur le terrain un peu plus longtemps que les autres un certain nombre de tiges d'asperges chargées de baies, afin de les laisser complétement mûrir et d'en récolter la graine pour les semis, soit en place, soit en pépinière. Quand la peau de ces baies est ridée et que les graines qu'elles renferment sont noires, elles doivent être cueillies. Après les avoir laissé se dessécher complétement à l'ombre, on les fait macérer dans l'eau pendant douze heures. La pulpe alors se détache des graines lorsqu'on froisse les baies entre les doigts ; les graines, soigneusement lavées, puis séchées, sont conservées dans un local sec jusqu'à l'époque des semis.

On sème la graine d'asperge en pépinière dans la seconde semaine de mars, un peu plus tard quand le printemps est tardif. La terre est préparée comme pour toute autre culture jardinière ; la graine d'asperge est semée clair, en lignes espacées entre elles de 25 centimètres ; il ne faut les couvrir que d'un centimètre au plus de terre finement pulvérisée ; si elle est trop profondément enterrée, elle ne lève pas.

Au moment où l'on arrache les jeunes griffes, soit pour les vendre, soit pour les employer dans les plantations, il faut soulever des deux côtés la terre avec précaution, afin de ne pas rompre les doigts qui sont à cet âge excessivement fragiles.

L'asperge, quoique cultivée très-anciennement en Europe, n'a pas produit de variétés bien distinctes ; on considère comme des sous-variétés l'*asperge commune*, l'*asperge de Gand* et *d'Ulm*; ces asperges ne diffèrent que par le volume des tiges. Si l'on sème les graines de l'asperge sauvage très-commune le long de la vallée du Rhône, et sur le bord des ravins dans tout le midi de la France, et qu'on cultive ensuite le plant provenant de ces semis, dans les conditions ordinaires d'une bonne culture, on obtient en trois ou quatre ans des asperges en tout semblables à l'espèce commune.

Asperges forcées.

Quand on possède une grande plantation d'asperges en plein rapport, on peut en *forcer* tous les ans une partie par le procédé suivant. Sur les planches qu'on se propose de forcer, on pose à l'entrée de l'hiver des coffres de bois semblables à ceux qui servent à recevoir des chassis vitrés pour toutes les cultures forcées. Au lieu de chassis vitrés, la culture forcée de l'asperge n'ayant pas besoin de lumière, on peut ne garnir les coffres que de planches minces, ou de cadres recouverts de gros canevas. L'intérieur des coffres est rempli de bon fumier récemment tiré de l'écurie, en pleine fermentation sans être trop humide ; on couvre les coffres, et chaque fois qu'il gèle un peu sévèrement, on jette encore par-dessus une épaisse couverture de litière longue. A moins d'un froid persistant et très-intense, les asperges doivent commencer à pousser au bout de quinze à vingt jours. On s'en assure en dérangeant avec précaution le fumier, et l'on récolte les asperges à mesure qu'elles poussent, afin que leur extrémité supérieure prenne la teinte violette qu'elles doivent avoir pour se bien vendre. On profite des heures du milieu du jour, où la température est la plus adoucie, pour découvrir momentanément les planches d'asperges forcées ; on les recouvre dès l'après-midi. Si l'on cueille la totalité des asperges fournies par les planches soumises à ce traitement, les griffes sont épuisées ; le terrain doit être livré à d'autres cultures. Mais si la récolte est arrêtée à temps et qu'on laisse à chaque griffe en nombre suffisant de jeunes pousses pour réparer ses pertes et reprendre de la vigueur, les planches forcées peuvent l'être de nouveau après une année de repos, pendant laquelle elles donnent au printemps leur contingent habituel d'asperges, à l'époque ordinaire de leur végétation naturelle. La moitié des planches peut donc être forcée tous les ans sans ruiner la plantation ; il va sans dire qu'à Paris et dans toutes les grandes villes, les asperges forcées en hiver obtiennent des prix très-avantageux. On ne force pas en même temps toutes les planches qui doivent être forcées pendant une saison d'hiver ; il est possible par ce moyen d'avoir de très-belles asperges forcées à porter au marché, depuis le milieu de décembre jusqu'au moment où peuvent être récoltées les premières asperges à l'air libre.

Salades.

Les plantes potagères dont on mange les feuilles crues, assaisonnées avec du sel, de l'huile et du vinaigre, tiennent une place importante dans la culture maraîchère, en France surtout, où la consommation de la salade est immense dans les tous rangs de la société. Le proverbe militaire dit que quand le tambour bat pour appeler le soldat à l'heure de son principal repas, sa batterie signifie : *soupe et salade, soupe et salade !* L'origine du mot salade est incertaine ; l'opinion la plus probable est celle qui le fait dériver du nom d'un casque d'une forme particulière, fadis porté par les soldats du célèbre Sah-el-Eddin, que les croisés nommaient Saladin. Au siége de Naples, les soldats de l'armée de Charles VIII, manquant de saladiers, accommodaient, dans ce genre de casque alors nommé *salade*, les laitues dont étaient pleins les jardins des environs ; de retour en France, où ils introduisirent l'usage de la salade, ils donnèrent à ce mets le nom du casque dans lequel ils avaient commencé à en manger. Selon cette interprétation, il y aurait donc une relation assez directe entre le nom du sultan Saladin et celui de la salade. Ceux qui veulent que ce nom dérive de l'italien, parce qu'en Italie on n'a pas cessé de cultiver des salades et d'en manger, depuis l'antiquité la plus reculée jusqu'à nos jours, semblent être dans l'erreur ; car les Italiens ont toujours nommé la salade *insalata*, terme qui ne ressemble que de loin au mot français *salade*.

On cultive principalement dans les jardins maraîchers, pour être mangées en salade, la *laitue* et la *chicorée*, et accessoirement les *mâches* et les *raiponces*. Dans le Nord, on mange aussi en salade le chou rouge coupé en tranches très-minces, arrosé de beure fondu et de vinaigre ; mais cette salade est peu goûtée partout ailleurs, et jamais, même dans le Nord, le chou rouge n'est cultivé spécialement pour être mangé en salade.

Laitue.

La laitue est la salade par excellence. Dans plusieurs départements, quand on prononce le mot salade, c'est de la laitue seule qu'on veut parler. Les variétés innombrables de laitues produites par la culture sont classées naturellement en deux sections, celle des *laitues à pomme ronde*, qui sont les laitues proprement dites, et celle des *laitues à pomme allongée*, plus connues sous leur nom vulgaire de *romaines*.

La première section se subdivise en plusieurs groupes, d'après le tempérament des sous-variétés, qui les rend propres à être cultivées en différentes saisons.

La laitue ronde, non plus que la romaine, n'est pas très-anciennement cultivée en France. On voit, par les lettres écrites de Rome en 1527 par Rabelais au cardinal d'Estrées, son protecteur, qu'il lui envoya, à cette époque les premières graines de laitues qui aient été semées en France ; la culture des laitues ne devint commune dans nos potagers qu'à la fin du même siècle.

Les laitues à pomme ronde forment trois groupes : comprenant les *laitues de printemp*, les *laitues d'été* et les *laitues d'hiver*. Les meilleures laitues de printemps sont : la *laitue dauphine*, la *laitue cordon rouge* et la *petite blonde*.

Les meilleures laitues d'été sont la *blonde de Versailles*, la *blonde paresseuse*, la *belle et bonne*, la *royale*, et la *laitue chou de Batavia*. Cette dernière, la plus grosse et la plus rustique de toutes, forme des pommes énormes ; c'est celle qu'on cultive en grand pour la faire consommer par les porcs, dont elle favorise l'engraissement en les provoquant au sommeil. C'est aussi de cette laitue qu'on extrait, par des procédés chimiques, le principe calmant nommé Tridace, qui produit une partie des effets de l'opium, sans en avoir les propriétés dangéreuses.

Les meilleures laitues d'hiver, sont : la *laitue crêpe*, la *laitue gotte* et la *laitue de la passion*.

Dans la section des romaines, les plus estimées sont : la *verte hâtive*, l'*alphange*, la *maraîchère d'été* et la *blonde de Brunoy*.

En dehors des laitues et des romaines ci-dessus indiquées, il en existe d'innombrables sous-variétés recommandables à divers titres, et plus ou moins bien appropriées au sol et au climat local des cantons où elles sont cultivées.

La culture de toutes les laitues à pommes rondes est la même ; la graine, semée sur couche à la fin l'hiver, plus tard sur plate-bande à l'air libre, donne du plant qu'on met en place à des distances variables selon le volume des espèces, depuis 25 centimètres pour les plus petites, jusqu'à 40 centimètres pour les plus grandes. On doit, en transplantant les laitues, apporter une grande attention à ne pas froisser le collet de la racine, qui a très-peu de consistance. Le sol est recouvert d'un bon *paillis* de litière longue, afin d'y conserver un peu de fraîcheur. Le succès de cette culture dépend entièrement de la possibilité d'arroser fréquemment et abondamment les laitues ; dès qu'elles souffrent de la sécheresse, elles montent en graine, même la laitue paresseuse, celle de toutes qui monte le plus difficilement.

La culture forcée des laitues d'hiver se pratique en transplantant le jeune plant de la couche où les graines ont été semées sur une autre couche tiède ou simplement froide, recouverte de son chassis. Le terreau de la couche doit être très-rapproché du vitrage du chassis, afin qu'il n'y ait que le moins d'air possible entre les laitues et la surface intérieure des carreaux de vitre : c'est ce que les maraîchers nomment cultiver la laitue *à l'étouffée*. La laitue crêpe et la laitue gotte, forcées à l'étouffée, ne sont pas de bonnes salades ; si l'on en apportait de semblables en été au marché, elles ne trouveraient pas d'acheteurs ; mais, en hiver, quand il ne peut pas y en avoir de meilleures, on les vend toujours facilement à un bon prix.

La culture de la romaine est la même que celle de la laitue ronde à l'air libre, sauf un seul point. Quand la romaine a pris à peu près tout son volume, le plus souvent elle se *coiffe* naturellement, comme disent les maraîchers, c'est-à-dire que ses feuilles se replient au sommet les unes sur les autres. On doit alors, pour que les feuilles intérieures deviennent blanches et tendres, lier les romaines par un lien de paille ou de jonc, vers le milieu de leur hauteur. Du reste, le besoin d'arrosage est le même pour les romaines que pour les laitues rondes ; si les romaines montent moins facilement quand elles manquent d'eau, elles deviennent dures, et leurs feuilles ressemblent alors beaucoup plus à du fourrage qu'à de la salade.

On force sous cloche, au printemps, la romaine verte de la manière suivante. La graine semée sur couche en janvier et février est repiquée sous de grandes cloches à melons, sur couche froide découverte, montée au pied d'un mur à l'exposition du midi. On marque d'abord sur cette couche garnie de terreau l'empreinte des bords des cloches, qui tracent des cercles tout près les uns des autres. Dans ces cercles on transplante le plant de romaine avec les mêmes précautions que pour la transplantation du plant de laitue ronde. Les cloches sont ensuite replacées sur les romaines, qui, par ce mode de culture forcée, ne deviennent jamais ni bien bonnes ni bien grosses; elles n'en sont pas moins de très-bonne défaite, parce qu'elles ne rencontrent sur les marchés pour leur faire concurrence que les laitues crêpes et gottes forcées, qui leur sont encore inférieures en qualité.

Chicorée.

La chicorée, à quelque variété qu'elle appartienne, est une salade toujours un peu ferme, et dont l'amertume ne plaît pas à tout le monde; elle est d'ailleurs très-saine, et possède la propriété précieuse de pouvoir être aisément conservée pour être livrée à la consommation pendant tout l'hiver.

Les principales variétés admises dans la culture maraîchère sont la *chicorée frisée*, dont les meilleures sont celles *d'Italie*, *de Meaux* et *de Rouen;* cette dernière est désignée sous le nom de *corne de cerf*, à cause de la forme de ses feuilles. On cultive également sous les noms de *scarole*, *escarole* et *endive*, une autre variété de chicorée à feuilles entières, très-usitée comme salade d'hiver. On fait observer que si les chicorées à feuilles frisées ou à feuilles entières sont principalement cultivées comme salades, ce n'est pas leur seule destination ; la cuisine les utilise aussi cuites et hachées comme l'oseille ou les épinards, soit seules, soit pour accompagner d'autres mets, au gras ou au maigre.

La culture des chicorées est semblable à celle des romaines. La graine, semée de bonne heure sur couche ou sur une plate-bande au pied d'un mur au midi, ne lève pas, pour peu qu'elle soit trop recouverte ; il faut la répandre sur le terrain et tamiser par-dessus un peu de terreau ; pour ces premiers semis, qui peuvent se faire à l'air libre dès la fin de février, la *chicorée d'Italie* est celle qui réussit le mieux. Le plant est mis en place, arrosé et lié comme la romaine pour faire blanchir par étiolement les feuilles du centre ; si ces feuilles s'allongent suffisamment, on les réunit plus tard par un second lien.

Les semis des autres variétés à feuille frisée se succèdent pendant tout l'été, jusqu'au mois de juillet. Il faut avoir soin de ne lier ces salades que par un temps sec ; si plus tard la prolongation de la sécheresse oblige à les arroser après qu'elles sont liées, on ne doit se servir que de l'arrosoir sans sa gerbe, ce qui permet de verser l'eau au pied de chaque salade sans mouiller sa pomme.

La scarole, nommée endive dans tout le nord de la France, se sème mieux en juillet et août qu'en toute autre saison, sa croissance étant rapide quand elle est suffisamment arrosée, on la lie successivement en septembre et octobre ; elle blanchit avant les premiers froids, et peut être rentrée dans une cave ou dans un cellier à l'abri de la gelée, comme provision d'hiver ; elle craint moins le froid que l'humidité. Dans les jardins maraîchers des environs de Lille, on fait blanchir la scarole par un procédé plus expéditif que les ligatures ; quand les feuilles étalées sur le sol ont pris toute leur longueur, le jardinier les réunit par leur extrémité, les incline toutes du même côté, et d'un coup de bêche jette sur le bout des feuilles assez de terre pour les contenir : le cœur des scaroles ainsi traité blanchit en peu de temps, comme si elles avaient été liées. Du moment où elles ont subi cette opération, elles ne doivent plus être arrosées ; cette méthode ne réussit que dans les terrains légers et secs.

Outre les variétés de chicorée dont on vient d'indiquer la culture, on cultive aussi comme salade la *chicorée sauvage ;* mais cette culture, d'un produit peu avantageux, est plus pratiquée dans les champs que dans les jardins. Le jardinier maraîcher sème cependant en bordure, durant toute la belle saison, de la graine de chicorée sauvage ; à mesure qu'elle lève, les feuilles de quelques centimètres seulement de longueur sont cueillies et vendues pour être mangées en salade ; elles ne sont mangeables que pendant la première période de leur végétation ; plus tard, elles ne peuvent être utilisées que pour la nourriture des lapins.

La chicorée sauvage semée en plein champ, dans une terre médiocre, à raison d'un kilogramme de graine par are, sert à préparer en hiver une salade très-saine, mais un peu dure, par le procédé suivant. A l'entrée de l'hiver, la chicorée est arrachée avec soin pour n'en pas briser les racines, qu'on doit chercher à conserver entières autant que possible. Les plantes sont épluchées une à une ; toutes les feuilles sont enlevées, excepté seulement celles de la pousse centrale. La chicorée ainsi préparée est reliée en bottes, dans lesquelles le collet de toutes les racines se trouve au même niveau. Ces bottes sont portées dans une cave parfaitement obscure ; là, on les enterre, soit debout, soit horizontalement, dans une couche de fumier chaud, ou simplement dans la terre modérément humide. Les feuilles étiolées, blanches et longues, ne tardent pas à se développer ; elles sont vendues comme salade sous le nom vulgaire de *barbe de Capucin*.

Mâche.

La mâche, aussi connue sous les noms vulgaires de *douette*, *salade de blé* et *oreille de lièvre*, est si commune durant toute la mauvaise saison dans tous les champs de céréales d'hiver, qu'on pourrait se dispenser de la cultiver dans les jardins maraîchers, où elle ne tient jamais une bien grande place. S'il est vrai que son nom dérive de la nécessité de la *mâcher* longtemps pour réussir à l'avaler, on voit qu'elle a passé de tout temps pour une salade médiocre.

La graine de mâche peut être semée en août et septembre, et même jusqu'en octobre, quand le beau temps se prolonge à l'arrière-saison ; la plante croît sans aucun soin particulier de culture. Plus le sol où on la sème est gras et fertile, moins elle est dure ; la gelée l'attendrit sensiblement ; c'est seulement quand la mâche a subi l'action de quelques jours de gelée un peu sévère qu'elle donne une salade à peu près mangeable : c'est tout ce qu'on peut raisonnablement lui demander.

Raiponce.

Comme la mâche, la *raiponce* croît partout à l'état sauvage en France ; ses tiges, chargées de jolies clochettes bleues, sont, pendant toute la belle saison, l'ornement du pied des haies et de la lisière des bois. Elle vaut sous tous les rapports, sauf les dimensions, la raiponce cultivée; la racine, blanche et tendre, est douée d'une saveur de noisette; les feuilles sont aussi douces et moins dures que celles de la mâche. Si l'on veut récolter les raiponces sauvages au degré le plus convenable de développement pour qu'elles accompagnent les salades de mâches ou de laitue forcée au commencement du printemps, il faut les chercher dans les endroits où, l'été précédent, on a remarqué des plantes fleuries, dont les graines ont dû multiplier les raiponces par semis naturel; l'époque de cette recherche commence à la fin de février et se termine dans la première semaine d'avril; la raiponce sauvage perd sa valeur comme salade, du moment où ses tiges florales se forment.

La graine de raiponce peut être semée du printemps à la fin de l'été; mais le plant provenant des semis de printemps est sujet à monter en automne; d'ailleurs, les raiponces des semis de printemps sont bonnes à cueillir à une époque où les meilleures salades abondent dans le jardin maraîcher. On sème en juillet, sans enterrer la graine qui doit être seulement déposée à la surface du sol, sans quoi elle ne lèverait pas.

Les racines peuvent déjà être récoltées en partie à la fin de l'hiver; comme la plante est insensible au froid, l'hiver ne lui fait aucun tort; ses jeunes pousses, ainsi que ses racines, fournissent une excellente salade précoce de printemps.

Persil.

Quoique le persil ne soit employé qu'en qualité d'assaisonnement, il est d'un usage si fréquent dans la cuisine française, que sa présence dans le jardin maraîcher en toute saison peut être considérée comme indispensable.

Deux variétés seulement, le *persil commun* et le *persil frisé*, sont généralement cultivées. Malheureusement, le persil commun ressemble beaucoup à la grande et surtout à la petite ciguë, et cette ressemblance a plus d'une fois donné lieu à de déplorables accidents. Le moyen de les éviter à coup sûr, c'est de ne cultiver que le persil frisé, dont la feuille n'offre aucun trait de ressemblance ni avec la grande ni avec la petite ciguë, et ne peut, par conséquent donner lieu à aucune fatale méprise. On sème la graine de persil principalement en bordure, dès les premiers beaux jours du mois de mars; il faut s'armer de patience; elle ne lève qu'au bout de 5 à 6 semaines. La plante fleurit et monte en graine à sa seconde année; mais, si l'on a soin de prévenir sa floraison en coupant les tiges à mesure qu'elles se forment, on peut prolonger sa durée pendant trois ans.

Près des grandes villes, où le persil est très-demandé en hiver, on en sème une plate-bande à l'exposition du midi; à l'approche des premières gelées, cette planche est recouverte de paille ou de litière longue qu'on déplace pendant les heures les plus douces de la journée.

Moyennant ces soins, le persil semé à l'air libre ne gèle pas, et l'hiver n'interrompt pas complétement la végétation de ses feuilles.

Lorsqu'on sème du persil en été, dans le but d'en récolter les feuilles en hiver, il est bon de couvrir les semis de mousse tenue constamment humide. A partir du trente-cinquième jour, les semis sont journellement visités, afin d'écarter la mousse et de l'enlever tout à fait dès que le persil est bien sorti de terre.

Cerfeuil.

On fait fréquemment usage du cerfeuil, principalement comme fourniture de salade. La plante, étant annuelle, monte en graine dès que surviennent les premières chaleurs; on doit en conséquence renouveler les semis dans un sol léger et frais, à l'exposition du nord ou de l'est tous les huit ou dix jours pendant la belle saison. La graine de cerfeuil lève au bout de 5 à 6 jours; la plante n'exige pas d'autres soins de culture que quelques arrosages en temps de sécheresse. Le cerfeuil commun ressemble beaucoup à la petite ciguë; il est seulement d'un vert plus clair, et les divisions de ses feuilles sont moins aiguës; mais ces différences échappent facilement à l'inattention, et de nombreux cas d'empoisonnement en sont la conséquence. On les éviterait en adoptant exclusivement le *cerfeuil frisé*, variété d'une culture aussi facile que celle de l'espèce commune; mais la saveur forte du cerfeuil frisé déplaît au plus grand nombre des consommateurs. On ne peut donc trop recommander au jardinier maraîcher de sarcler lui-même ou de faire sarcler sous ses yeux ses planches de cerfeuil, afin qu'il n'ait point à se reprocher d'y avoir laissé subsister quelques pieds de petite ciguë, et d'avoir vendu un poison mortel en mélange avec une fourniture de salade.

Estragon.

L'*estragon*, plante très-aromatique, est d'un usage beaucoup plus limité que le persil et le cerfeuil ; il fait partie des fournitures de salade, et sert aussi à aromatiser le vinaigre dans lequel doivent être confits les cornichons. La plante n'a pas assez d'importance pour être cultivée autrement qu'en bordure dans la partie la plus sèche du potager ; car elle redoute beaucoup un excès d'humidité. Sous le climat moyen de la France, il est rare que l'estragon fleurisse et mûrisse sa graine ; on le multiplie exclusivement par la division des touffes. Il est bon, pour avoir toujours à sa disposition de jeunes pousses tendres d'estragon, de couper de temps en temps toute la plante au niveau du sol ; les tiges un peu anciennes deviennent trop aromatiques, et sont trop dures pour être employées en fourniture de salade.

Civette.

La *civette*, la plus petite des plantes bulbeuses admises dans le jardin maraîcher, rappelle par son odeur celle de l'ail et celle de l'oignon, mais à un degré peu prononcé et toujours agréable. On la plante en bordure le long des carrés ; elle ne s'emploie jamais qu'en très-petite quantité.

Lorsqu'on n'a pas occasion d'en faire usage, on oublie quelquefois de la couper ; alors elle fleurit, et les touffes se dégarnissent ; on doit donc avoir l'attention de couper très-souvent la civette, même quand on n'en a pas besoin. Les touffes doivent être dédoublées tous les deux ans; c'est une des plus agréables parmi les fournitures de salade.

Choufleur.

Le choufleur est la plus généralement goûtée des plantes potagères à fleurs comestibles, et quoiqu'il contienne peu de matière solide, c'est un excellent aliment, à la fois sain, agréable au goût et de facile digestion. La culture en a produit plusieurs très-bonnes variétés, désignées sous les noms expressifs de *tendre, demi-dur* et *dur*. Le choufleur tendre est le plus hâtif ; il a les feuilles étroites et ne forme que de petites pommes ; le choufleur demi-dur, un peu moins prompt à se former que le précédent, est le plus cultivé ; ses pommes sont de grosseur moyenne et d'excellente qualité. Le choufleur dur est le plus rustique de tous, c'est-à-dire le moins sensible au froid ; il convient à la culture en très-grand, parce qu'il exige peu de soins une fois qu'il est mis en place, et qu'il peut être cultivé à peu près sans plus de cérémonie que le gros chou blanc d'Alsace. Son défaut, qui le fait exclure par beaucoup de jardiniers, c'est la lenteur de sa croissance, qui lui fait occuper très-longtemps le terrain, mais il donne des pommes très-grosses, blanches, fermes et de toute première qualité. Les sous-variétés sont, parmi les tendres, le *petit Salomon*, hâtif, très-blanc, mais peu développé ; parmi les demi-durs, le *gros Salomon*, à pomme très-volumineuse, et parmi les durs, le *choufleur Lenormand*, récemment obtenu de semis par le jardinier qui lui a donné son nom. Ce dernier choufleur, en bon terrain, peut devenir énorme ; c'est le meilleur des choufleurs tardifs.

Pour avoir des choufleurs de bonne heure au printemps, il faut semer la graine de choufleurs hâtifs entre les deux Notre-Dame, comme disent les jardiniers, c'est-à-dire, du 15 août au 15 septembre, un peu plus tôt ou plus tard, selon l'état de la température. Le plant, dès qu'il a quatre feuilles, est repiqué *sous chassis froid* à l'approche des premières gelées blanches, qu'il ne supporte pas; on lui donne beaucoup d'air tant qu'il ne gèle pas ; il passe ainsi l'hiver, grâce à des soins assidus qui ont pour but de le préserver du froid, et d'empêcher qu'il ne s'étiole faute d'air et de lumière. En février ou mars, dès que la saison le permet, on met le plant de choufleur en place à l'air libre. Ceux qu'on plante les premiers ne réussissent pas tous ; les derniers retours des froids tardifs en emportent une partie ; ceux qui résistent, quoique d'un petit volume, obtiennent toujours un bon prix.

Deux précautions sont nécessaires pour le succès de la culture du choufleur hâtif : 1° au moment de la plantation, il doit s'écouler le moins de temps possible entre l'arrachage et la mise en place; 2° après avoir arrosé les choufleurs pendant quelques jours pour en assurer la reprise, on doit, même en cas de sécheresse, s'abstenir pendant quinze jours de les arroser; l'observation a démontré que ce procédé hâte de huit à dix jours la formation des pommes.

Pour obtenir des choufleurs bons à récolter aussitôt après ceux de la première saison, on sème de la graine de choufleur demi-dur sur couche et sous chassis, en février et mars, moins pour empêcher le plant de geler, les grands froids étant passés, que pour accélérer sa croissance. On tient une autre couche toute prête, sur laquelle le plant est repiqué quinze jours après qu'il est levé ; on ne le met en place à l'air libre qu'à la fin d'avril ou dans les premiers jours de mai, quand la température est tout à fait adoucie.

Ces choufleurs de second semis donnent leurs pommes en juin et juillet.

Dans les premiers jours de mai, on sème à l'air libre, sur une plate-bande bien fumée, la graine de choufleur dur ordinaire ou de choufleur Lenormand ; le plant n'exige d'autre soin que quelques sarclages ; on peut le mettre en place sans l'avoir préalablement repiqué, et le traiter ultérieurement comme le chou cabus blanc, sauf quelques arrosages dont il peut avoir besoin en cas de longue sécheresse. Le choufleur tardif ne donne pas ses pommes avant la fin de l'automne. On peut les conserver de la manière indiquée pour la conservation des choux, et les vendre avec avantage pendant toute la mauvaise saison, quand les marchés manquent absolument d'autres légumes frais.

Artichaut.

La culture de l'artichaut en France a subi de graves échecs depuis quelques années, par suite de l'inconstance des saisons ; elle n'en reste pas moins une des cultures maraîchères les plus avantageuses, partout où elle est bien conduite, et elle peut l'être partout où l'on peut donner à discrétion à cette plante de l'eau et du fumier.

L'artichaut est un chardon qui croît à l'état sauvage dans le midi de l'Espagne ; il a produit par la culture en France de très-bonnes variétés, dont les plus estimées sont : 1° l'*artichaut de Laon*, à écailles pointues très-divergentes, qui passe avec raison pour le meilleur de tous ; 2° l'*artichaut gros camus de Tours*, à écailles collées l'une sur l'autre et échancrées au sommet ; 3° le *petit artichaut sans foin*, du midi de la France.

On sait que la partie mangeable de l'artichaut consiste dans le réceptacle commun des fleurs cueillies avant leur épanouissement. On multiplie l'artichaut soit par le semis de ses graines, soit par la séparation des rejetons ou *œilletons* qui naissent en grand nombre autour des anciens pieds ; le second mode de multiplication est le plus usité ; le plan de semis ne reproduit pas constamment la variété qui a fourni la graine ; une partie de ce plant porte des feuilles armées de piquants ; il *tourne au chardon*, comme disent les jardiniers. Il y a cependant assez souvent nécessité de recourir à ce mode de multiplication de l'artichaut, lorsqu'à la suite d'un hiver d'une rigueur exceptionnelle, tout le plant provenant des œilletons a péri. En pareil cas, lorsque le plant de semis est assez fort, on en opère le triage, et l'on élimine tous les pieds qui ne semblent pas francs d'espèce.

Le plant d'œilletons est détaché des souches à la fin de l'automne et mis en jauge dans une plate-bande au pied d'un mur au midi ; il y passe l'hiver moyennant une bonne couverture de litière longue qu'on enlève quand le temps est doux, et qu'on replace en temps de neige ou de gelée. Au printemps, les œilletons, enracinés ou non, sont mis en place à 80 centimètres ou 1 mètre de distance les uns des autres. Chaque œilleton, étant muni d'un talon, reprend facilement comme bouture, quand il n'avait pas de racines formées au moment de sa mise en place. On ouvre pour la plantation des trous de 50 centimètres de diamètre et d'autant de profondeur ; la terre extraite des trous est mêlée à son volume de fumier à demi consommé ; c'est dans ce mélange que les artichauts sont plantés ; on ménage autour de chaque plant une petite fosse circulaire qui retient l'eau des arrosages. Pendant huit à dix jours, les artichauts doivent être arrosés largement tous les soirs ; ils sont ensuite livrés au cours naturel de leur végétation ; une partie donne ses têtes dans le courant de septembre ; mais la plantation n'est en plein rapport qu'à sa seconde année, quand elle n'a pas été détruite par l'hiver, qu'elle ne traverse pas toujours sans accident. A l'entrée de l'hiver, les pieds d'artichaut sont fortement buttés ; on en détache les œilletons dont on a besoin pour l'entretien de la plantation, et l'on a soin de laisser le cœur de la plante à découvert. Des feuilles sèches ou de la litière longue sont apportés dans les intervalles des pieds d'artichaut. En cas de gelée, les artichauts sont couverts en un tour de main, et découverts avec la même facilité chaque fois que le temps le permet. Malgré ces soins, la gelée en hiver et la pourriture au printemps dépeuplent souvent la plantation. D'ailleurs, si le travail pour couvrir et découvrir les artichauts est possible dans un jardin maraîcher d'une étendue médiocre, il devient matériellement impossible dans une plantation de plusieurs hectares.

Les jardiniers qui cultivent les marais nommés *hortillons* aux environs d'Amiens (Somme), tournent cette difficulté en traitant en grand la culture de l'artichaut comme celle de tout autre légume annuel. Le plant élevé, mis en place, fumé et arrosé comme on vient de l'indiquer, n'est pas, comme selon la méthode ordinaire, abandonné à lui-même dès qu'il a pris possession du terrain ; on continue à l'arroser largement trois fois par jour. Ainsi abreuvés, les artichauts croissent rapidement et donnent toutes leurs têtes en août et septembre. Quand tout est récolté, les œilletons sont détachés des souches et mis en jauge pour la plantation de l'année suivante, après quoi tous les artichauts sont arrachés et jetés au fumier, ce qui, naturellement, épargne au jardinier maraîcher le souci de les préserver du froid pendant la mauvaise saison.

On comprend que ce mode de culture annuelle de l'artichaut n'est possible que quand on peut arroser sans cesse, comme le font les jardiniers d'Amiens, dont les marais sont coupés de canaux dérivés de la Somme. Mais il ne manque pas, en France, de terrains propres à la culture maraîchère, qui sont traversés par des cours d'eau, ou à proximité d'une rivière ou d'un étang ; c'est là et non ailleurs que la culture annuelle de l'artichaut pourrait et devrait être pratiquée en grand, et si cela était, cet excellent légume, que son prix place si souvent hors de la portée d'un grand nombre de consommateurs, pourrait être produit à bas prix et en abondance ; car les alternatives de disette et de profusion, qui sont la conséquence du mode actuel de culture de l'artichaut, seraient remplacées par une production très-régulière et toujours proportionnée aux besoins de la consommation.

L'artichaut, traité à la manière ordinaire, dure trois ans ; au bout de ce temps, la plantation doit être renouvelée. On réserve tous les ans un certain nombre des plus beaux pieds chargés de têtes bien formées à la fin de l'automne ; ces pieds sont levés en motte et plantés dans du sable frais, dans une cave saine ou tout autre local à l'abri de la gelée ; on dispose ainsi de quelques artichauts pour la vente en hiver.

IIIᵉ SECTION.

PLANTES A FRUITS COMESTIBLES.

Les plantes potagères à fruits comestibles, sans avoir une importance alimentaire égale à celle des plantes des sections précédentes, ont cependant une grande valeur pour le jardinier maraîcher, leurs produits étant toujours recherchés et faciles à vendre à des prix avantageux sur les marchés des grandes villes. Ces plantes, source de fortune pour ceux qui savent les bien cultiver, sont le *fraisier*, la *tomate*, le *melon*, le *concombre*, la *citrouille* et les diverses espèces de *courges comestibles*.

Fraisier.

Peu de fruits sont plus généralement goûtés que la fraise : aussi n'existe-t-il pas un jardin, grand ou petit, où le fraisier ne soit cultivé. Les fraisiers cultivés ont produit par les croisements artificiels ou accidentels une profusion de variétés rangées dans deux sections distinctes. La première comprend les fraisiers *remontants*, originaires d'Europe, qui peuvent fleurir et fructifier plusieurs fois dans le cours de la belle saison; la seconde comprend tous les fraisiers d'origine américaine , qui ne remontent pas, et ne donnent du fruit qu'une fois par an.

La section des fraisiers remontants est assez pauvre en variétés; les meilleurs sont: 1° le *fraisier de Montlhéry*, à gros fruit de forme carrée, très-parfumé; 2° le *fraisier des Alpes des quatre saisons*, dit *de tous les mois*, le plus franchement remontant et le plus cultivé de tous les fraisiers; 3° le *fraisier de Saint-Gilles*, variété peu différente de la précédente; 4° le *fraisier buisson de Gaillon*.

La section des fraisiers non remontants est au contraire très-riche en sous-variétés à très-gros fruit, qui toutes ont pour le jardinier le même défaut, celui d'occuper inutilement le terrain toute l'année, et de ne porter du fruit que durant quelques semaines de la belle saison.

On remplirait un volume du catalogue descriptif des variétés de fraisiers de cette section; les semis se poursuivent tous les ans et font naître des variétés nouvelles qui surpassent et évincent les anciennes; celui qui, dans ses semis, obtiendrait un fraisier de cette section aussi franchement remontant que le fraisier des Alpes, aurait fait sa fortune.

En général, tous les fruits de cette section, qui se terminent en pointe, sont d'une acidité très-prononcée, même quand ils sont parfaitement mûrs; ceux dont l'extrémité est plus ou moins arrondie sont plutôt trop doux que trop acides.

Les espèces le plus en faveur en ce moment (1861) sont les fraisiers *Prince Impérial*, *Goliath*, *princesse Alice Maude*, *Deptford Seedlny*, *Prince Albert*, *Wilmott superbe*, le *fraisier liégeois* et le *fraisier du Chili*. Ces deux derniers fraisiers sont remarquables, l'un par sa grande précocité, l'autre par le volume extraordinaire de son fruit ; c'est celui de tous les fraisiers connus qui donne les plus grosses fraises.

Fraisiers remontants.

Ce sont les fraisiers favoris du jardinier maraîcher, qui peut, en ne ménageant pas les arrosages, porter au marché pendant cinq mois les fraises des fraisiers remontants, et qui ne vendrait des fraises que pendant cinq semaines, s'il s'en tenait à la culture des fraisiers qui ne remontent pas. Le sol approprié à la culture du fraisier doit être fertile, plutôt léger qu'argileux ; on le prépare par deux labours soignés à la bêche et une abondante fumure. Si le sol est infesté de vers blancs (larves du hanneton), avant d'y planter des fraisiers, on peut y semer de la graine de colza, qu'on enfouira par un labour superficiel quelques jours avant la plantation. Le ver blanc, mis en contact en terre avec le colza pourri, meurt immédiatement. Ce procédé ne délivre pas complétement les fraisiers du ver blanc ; il reste en terre des œufs de hanneton qui éclosent plus tard et font naître de nouvelles légions de larves ; mais le colza, enfoui vert, comme engrais végétal en détruit toujours une partie ; de plus, il est très-favorable à la végétation du fraisier.

On multiplie le fraisier, soit de semis, soit au moyen du plant provenant des filets ou coulants, soit enfin par la division des touffes des variétés qui ne *filent* pas. Les semis sont usités principalement dans l'espoir d'obtenir des variétés nouvelles. On laisse mûrir complétement, puis dessécher, quelques-unes des plus belles fraises des espèces qu'on veut multiplier de semis ; la graine est alors détachée des fruits et semée immédiatement, dans un mélange par parties égales de terreau et de terre de bruyère. Le plant, d'abord très-petit est repiqué à l'air libre en pleine terre ; il fleurit et montre son premier fruit l'année suivante.

Les coulants formés les premiers, à la reprise de la végétation des fraisiers au printemps, sont ceux qui fournissent le meilleur plant ; on les arrache un mois avant de les planter. Chaque plant est épluché séparément, débarrassé des feuilles superflues, et préparé à former de jeunes racines par le retranchement de celles dont il est pourvu, et dont on retranche la moitié dans le sens de leur longueur. Le plant ainsi *habillé*, selon l'expression reçue, est mis en pépinière, en lignes très-rapprochées, dans une planche de jardin un peu ombragée. L'époque la plus favorable pour cette opération est le mois d'août ; s'il survient des sécheresses, le plant de jeunes fraisiers doit être arrosé tous les jours.

Dans le courant de septembre et, si le temps est doux, jusque dans la première quinzaine d'octobre, on met en place le plant mis d'avance en pépinière, et l'on couvre le terrain d'un abondant *paillis* de litière longue. Ce paillis maintient la fraîcheur du sol ; il empêche l'eau des arrosages de tasser trop fortement la terre autour du collet des racines des fraisiers ; il s'oppose à la croissance de la mauvaise herbe ; enfin, dans la saison des fraises, il empêche que le fruit ne soit sali par son contact direct avec la terre. Les fraises d'une fraisière bien paillée peuvent être servies au dessert sans avoir été préalablement lavées ; elles conservent ainsi toute la délicatesse de leur goût et de leur parfum.

Le jardinage dispose de deux variétés de fraisiers re-

4.

montants qui ne filent pas ; ce sont le *buisson de Gaillon à fruit rouge* et le même à *fruit blanc*, tous deux semblables aux fraisiers des Alpes des quatre saisons, quant au feuillage ainsi qu'à la forme et à la qualité du fruit. Ces deux fraisiers, en raison de l'absence des filets, sont spécialement propres à être plantés en bordure autour des carrés du potager.

Une fois que le plant de fraisier a bien pris possession du terrain où il a été mis en place, sa culture ultérieure se borne au retranchement des filets et à des arrosages fréquents pendant les chaleurs de l'été. On ne laisse produire des filets qu'à un certain nombre de fraisiers, en proportion de la quantité de plant dont on présume qu'on aura besoin.

Une bonne fraisière de fraisiers remontants dure trois ans en bon rapport ; elle doit être supprimée et renouvelée la quatrième année, sur un autre point du potager.

Depuis quelques années, on a introduit dans l'horticulture parisienne le procédé suivant pour la culture du fraisier remontant.

Au mois de juin, quand les fraises sont en pleine maturité, on récolte des fraises des quatre saisons les plus mûres possible, qu'on presse sans les écraser, et qu'on laisse pendant deux heures exposées au soleil. Au bout de ce temps, la graine s'en détache facilement ; elle perd en très-peu de temps ses propriétés germinatives, et doit être semée immédiatement. On prépare à cet effet une planche de jardin recouverte de 5 à 6 centimètres de bon terreau émietté ; la graine de fraisier est répandue sur le terreau sans être enterrée. On couvre le semis de branchages brisés, par-dessus lesquels on étend une légère couverture de paille longue. Au moyen d'un arrosoir à gerbe percée de trous très-fins, on arrose les semis avec modération ; l'eau, tamisée à travers la paille et les broussailles, humecte suffisamment les semis, sans comprimer le terreau ; c'est une condition essentielle pour le succès. Le plant, découvert dès qu'il est bien levé, est transplanté en quinconce, à 30 centimètres en tous sens, dans une bonne terre de jardin, fumée au printemps pour une autre culture. Il ne tarde pas à grandir, à fleurir, et à émettre des coulants dans toutes les directions. Les fleurs et les coulants sont supprimés à mesure qu'ils se montrent. On donne aux planches de fraisiers un bon binage avant l'hiver, et l'on répand par-dessus quelques centimètres de bon terreau, pour les empêcher de se déchausser. Au printemps, on paille les fraisiers avec de la litière longue, et l'on arrose largement, en ayant soin d'enlever les filets ou coulants. La fraisière ainsi traitée et largement arrosée qu'il pleuve ou non (ce point est très-essentiel) fleurit et fructifie sans interruption, de mai en novembre. Il ne faut demander aux fraisiers remontants de semis qu'une seule année de production, et renouveler les semis tous les ans, si l'on veut que le fraisier ne dégénère pas ; par ce procédé, la fraisière est maintenue à son maximum de production, et l'on récolte en abondance les meilleures fraises qu'il soit possible d'obtenir dans le jardin potager.

Fraisiers non remontants.

Les fraisiers qui ne remontent pas n'occupent pas une grande place dans le jardin maraîcher ; leur culture en grand est plus profitable en plein champ, où ils prospèrent sans arrosages et sans soins délicats de culture, en raison de leur grande rusticité. Le plant, préparé comme celui des fraisiers remontants, est mis en place à 30 ou 40 centimètres en tous sens, selon le volume présumé que doivent prendre les touffes.

La floraison et la maturité des fruits précèdent l'époque des fortes chaleurs et des grandes sécheresses, de sorte que l'absence des arrosages ne porte aucun préjudice à la production des fraises. Ce moment passé, la fraisière est débarrassée des coulants superflus à plusieurs reprises durant la belle saison ; elle ne réclame pas d'autre travail. La récolte des fraises est faible la première année, très-abondante la seconde et la troisième, et faible la quatrième, après quoi la fraisière doit être renouvelée.

Le jardinier maraîcher ne cultive que quelques espèces de fraisiers non remontants parmi les plus recherchés, moins pour la vente des fruits que pour celle du plant, que les amateurs des variétés de choix payent volontiers un bon prix.

Un renseignement qui peut avoir sa valeur pour les gens qui souffrent de la goutte, c'est qu'ils peuvent en être, sinon radicalement guéris, au moins très-sensiblement soulagés, en mangeant à discrétion des fraises pendant toute la belle saison, et en faisant usage de confitures de fraises pendant la partie de l'année où il n'y a pas de fraises à l'état frais.

Culture forcée du fraisier.

Par la culture forcée des fraisiers remontants ou non, on peut avoir des fraises à récolter à peu près tous les jours de l'année ; la preuve en est dans ce fait, qu'à la cour d'Angleterre comme à celle du roi des Belges, un plat de fraise doit être servi au dessert *en toute saison*. La culture du fraisier à l'air libre donne des fraises mûres de juin en octobre ; on en obtient dès les premiers jours de mai, sans autre soin que celui de couvrir les planches de fraisiers de chassis supportés par des coffres pendant la mauvaise saison, et de planter en arrière des coffres des piquets soutenant des paillassons suspendus formant un espalier temporaire.

Sous la protection de cet espalier, les fraisiers, largement arrosés, fleurissent de bonne heure, et la maturité de leurs fraises devance de vingt à trente jours l'époque habituelle de maturité des mêmes fruits à l'air libre. Le problème à résoudre est donc d'avoir des fraises mûres au moyen de la culture forcée, de novembre en mai. A cet effet, on met en pots de bonne heure, en mars, des fraisiers dont on supprime, à mesure qu'elles se montrent, les tiges florales pendant tout l'été, ainsi que les coulants. En octobre, les fraisiers en pots sont placés sous des chassis dont les coffres sont entourés de fumier en fermentation fortement comprimé. La chaleur produite par ce fumier à l'intérieur des chassis fait fleurir les fraisiers, qui donnent leurs fraises en novembre et décembre. Ces fraises ne sont jamais ni bien abondantes, ni de bien bonne qualité ; car, s'il est possible de les préserver du froid, il ne l'est pas de leur procurer du soleil en temps de brume et de pluie froide ; mais enfin, on récolte quelques fraises passables, et il se trouve toujours des amateurs riches disposés à les payer convenablement.

Celui qui se livre en grand à la culture forcée du fraisier doit faire ample provision, en mars et avril, de fraisiers remontants mis en pots, et traités en été comme on vient de l'indiquer. Ces fraisiers sont successivement introduits dans la serre aux ananas, ou dans des bâches à forcer la vigne ; ils y fleurissent et donnent des fraises mûres de janvier en avril. Aux environs de Paris, les maraîchers qui s'occupent spécialement de la culture forcée du fraisier commencent à se servir pour cette culture de l'appareil de chauffage à l'eau bouillante connue sous le nom de *thermosyphon*. Les tuyaux du thermosyphon passent sous terre à travers une série de coffres recouverts de chassis vitrés sous lesquels la chaleur artificielle, graduée à volonté, fait fleurir et fructifier les fraisiers en pots pendant tout l'hiver. On leur donne ordinairement une température de 10 à 12 degrés jusqu'au moment de la floraison, portée à 15 ou 20 degrés pour la maturité des fruits.

Pendant tout le temps que les fraisiers en pots passent sous les chassis chauffés ou dans la serre à forcer, ils doivent être largement arrosés trois fois par jour avec de l'eau amenée d'avance à la température intérieure de la serre. S'ils étaient arrosés avec de l'eau froide, leur végétation éprouverait un temps d'arrêt, et le succès de la culture forcée du fraisier serait compromis.

Tomate.

Dans le Midi, la tomate est cultivée en grand ; on la mange coupée par tranches et assaisonnée à l'huile, à la poêle, avec beaucoup d'oignons. Dans tout le reste de la France, la culture de la tomate est moins étendue, parce que sa consommation est plus restreinte ; néanmoins, près des grandes villes, où le débit des tomates est assuré, cette branche de culture, proportionnée à la facilité d'en vendre les produits, est aussi avantageuse que toute autre.

On ne cultive dans le jardin maraîcher que deux variétés de tomates, l'une à fruit rouge, l'autre à fruit jaune, toutes deux du même tempérament et propres aux mêmes usages. La rouge mérite la préférence, comme étant d'un placement plus facile.

Il n'y a pas de plante potagère qui soit plus sensible au froid que la tomate. La graine ne peut être semée en pleine terre que dans la première quinzaine de mai ; le plant des semis faits à cette époque est mis en place en juin ; il commence à fleurir en juillet et donne des fruits mûrs en septembre. C'est le mode le plus simple de cultiver la tomate dans tous les départements au sud de la vallée de la Seine. Au nord de cette vallée, et même sous le climat de Paris, il vaut mieux semer la graine de tomate sur couche tiède, en février et mars. Il n'est pas nécessaire de monter des couches tout exprès pour les semis de graines de tomate ; on peut faire ces semis en bordure autour des couches à melons ; on enlève le plant pour le mettre en place avant l'époque où son voisinage pourrait gêner les melons.

Pour activer la croissance du plant de tomate transplanté à l'air libre, on lui donne la protection d'un espalier temporaire de paillassons soutenus par des piquets, à l'abri duquel les tomates fleurissent de bonne heure et donnent des fruits mûrs en juillet et août ; celles des tomates qui paraissent les premières sur le marché sont toujours mieux vendues que les autres.

Quand les plantes sont bien chargées de fruits parvenus à peu près à leur volume normal, mais encore verts, on pince les extrémités des tiges, qui, livrées à elles-mêmes, continueraient à s'allonger et à fleurir ; mais les tomates tardivement formées n'arriveraient pas à maturité avant les premiers froids ; il n'y a donc pas lieu de regretter leur suppression, qui fait refluer la séve sur les tomates provenant des premières fleurs. Ces tomates gagnent en volume, en qualité et en précocité par la taille des extrémités des tiges qui les portent. Si l'on tend un fil de fer ou une simple ficelle un peu forte sur les piquets auxquels sont attachés les paillassons, les tiges des tomates chargées de fruits peuvent être palissées sur ces appuis, ce qui les faits profiter plus complétement de la chaleur de l'espalier. Quand les premières gelées blanches surprennent les tomates chargées de fruits à demi mûrs, ces fruits ne doivent pas être considérés comme perdus. En les déposant pendant quelques jours sur une tablette, dans une cuisine bien chauffée, on leur fait prendre couleur. Ces tomates sont aussi bonnes que les autres pour la cuisine, quoiqu'elles n'aient pas tout à fait aussi bonne apparence.

Melon.

Peu de fruits sont plus agréables et plus parfumés que le melon ; et quoique ce fruit puisse donner la fièvre à ceux qui en mangent avec excès, il n'a pas de propriétés malfaisantes pour ceux qui en usent avec modération ; ses propriétés rafraîchissantes sont même utiles à la santé pendant les fortes chaleurs.

La culture a produit en Europe une multitude de variétés de melons, parmi lesquelles les plus estimées sont le *melon noir des Carmes*, hâtif mais peu volumineux ; le *petit Prescott* ; le *cantalou commun* et le *cantalou de Portugal*. On a à peu près renoncé en France à la culture du *melon brodé*, jadis nommé melon maraîcher par excellence, à cause de son infériorité évidente sur les précédents. On connaît les vers du vieux poëte Lamonnoye :

Les amis de l'heure présente
Sont d'un naturel de melon :
Il en faut goûter plus de trente
Avant que d'en trouver un bon.

Ces vers s'appliquaient au melon brodé ; ils n'ont plus de sens depuis que l'on ne cultive plus que les bonnes espèces ; ce sont aujourd'hui les mauvais melons qui sont rares, car ils n'osent plus se montrer à côté des bons sur les marchés, où ils ne trouveraient pas d'acheteurs. Une seule variété de melon brodé, le *melon de Honfleur*, très-gros, de forme allongée, est encore cultivé en grand dans une partie de la Seine-Inférieure, pour l'exportation en Angleterre, où il est fort estimé.

A partir de la vallée de la Loire, nos départements méridionaux ont leurs variétés locales de melons, cultivés en pleine terre à l'air libre sans plus de soins que les légumes communs, et vendus à très-bas prix ; ils sont pour la plupart mangeables, mais médiocres. On cite parmi les meilleurs le *sucré vert d'Angers*, très-bon, mais si petit qu'il ne saurait prendre place dans le jardin maraîcher.

La culture du melon n'est pas, comme on l'a longtemps répété, une culture savante, difficile, où les plus habiles jardiniers peuvent seuls espérer de réussir; elle est au contraire facile et d'un succès assuré, pour quiconque la pratique avec méthode et sans négligence : c'est le point capital.

Aussi sensible au moindre froid que la tomate elle-même, le melon ne peut être cultivé à l'air libre qu'entre l'époque où il ne gèle plus et celle où il ne gèle pas encore. Cette manière de cultiver le melon n'est pas usitée du jardinier maraîcher sous le climat de Paris, parce qu'elle offre trop peu de chances favorables. La graine de melon semée vers le 10 du mois de mai donne du plant qui fleurit tard, et ne peut mûrir son fruit qu'en septembre et octobre. Si les chaleurs de l'arrière-saison lui font défaut, ce qui n'est pas rare, il ne mûrit qu'imparfaitement. Dans tous les cas, les melons provenant de la culture à l'air libre n'arrivent sur le marché qu'en automne, à l'époque de l'année où ils sont le moins recherchés, et où la vente en est le moins avantageuse. Par tous ces motifs, le jardinier maraîcher commence toujours la culture du melon sur couche chaude, et il la continue sous cloche ou sous châssis, dans le double but d'avoir des melons parfaitement mûrs et de les porter au marché à l'époque où ils se vendent le mieux.

Les premiers semis se font en janvier, sur couche chaude, composée de feuilles, de fumier de cheval et de tannée; ces substances doivent être employées par parties égales, modérément humectées, exactement mélangées et bien piétinées dans la fosse, entourée de son cadre et surmontée de son châssis vitré. On attend pour semer la graine de melon que la chaleur de la couche, recouverte d'un décimètre de terreau, soit descendue à

20 ou 25 degrés. Les semis se font mieux en pot qu'à même le terreau de la couche; il y a pour cela une raison qui tient au tempérament de la plante. Le melon souffre très-difficilement la transplantation, même quand elle est faite avec le plus de soin et de précaution possibles. S'il est semé en pot, quand les racines ont pris trop de développement pour trouver assez de nourriture dans la terre du pot, il peut être dépoté et mis en place dans le terreau de la couche, sans causer aucun dérangement à ses racines, et sans produire un temps d'arrêt dans la marche de sa végétation.

On sème de la graine de melon dans des pots remplis de terreau et enterrés dans la couche, non pas tous à la fois, mais en janvier, février et mars, de manière à récolter une succession de melons mûrs depuis la première quinzaine de juin jusqu'au mois d'août. Le jardinier maraîcher a soin de monter un nombre de couches semblables à celles des semis, proportionné au nombre de pieds de melons qu'il se propose de cultiver, en calculant sur le pied d'un mètre carré de surface de couche pour chaque pied de melons. Il peut aussi, pour élever le plant provenant des semis de mars, monter quelques couches à l'air libre, au pied d'un mur au midi; les melons y mûriront leur fruit avant la fin d'août sous des cloches de verre dites *cloches à melons;* mais les melons de cloche ne sont jamais aussi bons que les melons de châssis.

Quand la graine de melon est levée dans les pots, on donne un peu d'air et le plus possible de lumière, chaque fois que le temps permet de découvrir et d'entr'ouvrir les châssis, pour empêcher le jeune plant de *fondre,* c'est-à-dire de périr par étiolement, genre d'accident qui en emporte fréquemment une partie sans qu'il y ait de la faute du jardinier, quand la rigueur du froid contrarie ses opérations. Bientôt le plant de melons a pris quatre feuilles, il est déjà temps de le pincer; c'est le début de la taille du melon, opération délicate dont il faut connaître le principe pour la pratiquer avec discernement.

Si l'on veut laisser suivre au melon la marche naturelle de sa végétation, il donnera une seule tige peu ramifiée, très-longue, dont les extrémités seules porteront des fleurs femelles, nommées par les jardiniers *des mailles*, et destinées à devenir des melons. Le nombre des mailles sera très-limité, et elles naîtront très-loin du collet de la racine de la plante. L'expérience démontre que plus le melon est né près du collet, meilleur il est; elle enseigne aussi que les plus parfaits de forme sont toujours les meilleurs. Quel est donc le but de la taille du melon? D'abord, de le forcer à émettre un grand nombre de pousses, afin d'avoir à choisir dans un bon nombre de mailles, et de pouvoir réserver les fruits de la forme la plus régulière, selon leur espèce; ensuite, d'obtenir les mailles sur des tiges courtes, de façon à ce que les fruits soient le plus rapprochés possible du collet de la plante. Ce point bien éclairci, la taille du melon peut être pratiquée avec succès par le premier venu.

Le premier pincement fait naître deux pousses qui, pincées à leur tour quand elles ont quatre feuilles, en donnent chacune deux autres. Celles-ci, pincées plus tard, portent à huit le nombre des tiges sur lesquelles les mailles ne tardent pas à se montrer. On laisse les jeunes fruits grossir assez pour qu'on puisse bien juger de leur avenir; on fait alors, en parfaite connaissance de cause, choix des deux plus beaux; tous les autres sont supprimés avec les tiges qui les portent.

La surface de la couche est alors couverte de paille fraîche ou de litière longue, afin de préparer un lit propre et convenable pour les melons, qui, à dater de cet instant, grossissent rapidement. Pendant leur croissance, on a soin de les arroser souvent, en évitant de donner trop d'eau à la fois. Les melons cultivés sous cloche sont traités, quant à la taille et aux arrosages, comme les melons de châssis.

Concombres.

Le concombre, fort usité dans la cuisine anglaise et dans celle de plusieurs parties de l'Allemagne, est beaucoup moins employé dans la cuisine française; à Paris, les concombres, apportés en assez grande quantité sur les marchés, sont presque tous achetés par les cuisines des hôtels où descendent les Anglais et les Allemands. Le concombre est aussi sensible au froid que le melon, et ne peut être semé à l'air libre que du 10 au 15 mai. On dispose pour cette culture des planches d'un mètre 30 centimètres de large, séparées par des sentiers de service; au centre de chaque planche on ouvre des trous de 30 centimètres de diamètre et de profondeur. Ces trous sont en lignes, à 80 centimètres de distance les uns des autres; on les remplit de fumier à demi consommé, qu'on recouvre d'un décimètre de terre mêlée à de bon terreau par parties égales. Les graines de concombre, dont on sème deux dans chaque trou, lèvent au bout de quelques jours. Le plant est pincé une première fois pour le faire ramifier; les rameaux produits par le premier pincement sont pincés à leur tour absolument comme ceux des melons cultivés à l'air libre; car les deux plantes ont le même tempérament, et leur végétation suit la même marche. Quand les fruits sont bien formés, en nombre proportionné à la vigueur des plantes, on supprime les tiges au-dessus des fruits, et l'on retranche, à mesure qu'elles se forment, les pousses ultérieures, dont la croissance nuirait au grossissement du fruit. Le concombre demande des arrosages continuels pendant le cours de la végétation; ses fruits sont d'autant plus gros et meilleurs que les plantes ont été plus largement arrosées.

On cultive exactement de la même manière le concombre à petit fruit, connu sous le nom de *cornichon*. Les fruits sont cueillis aussitôt qu'ils ont acquis le volume du petit doigt, et vendus pour être confits au vinaigre : c'est un des assaisonnements les plus en usage dans la cuisine française.

Les nombreuses variétés de concombres cultivées par les jardiniers anglais, hollandais, belges et allemands, sont à peine connus en France; on ne cultive généralement dans nos jardins maraîchers que le *concombre hâtif de Hollande*, le *blanc hâtif*, le *blanc de Bonneuil*, et le *cornichon vert*; ce dernier est celui de tous les concombres dont la culture est le plus profitable. Tous les concombres peuvent être cultivés sur couche et soumis à la même taille et au même mode de culture que les melons forcés; mais en France, même dans le voisinage des grandes villes, les concombres forcés sur couche peuvent rarement obtenir des prix qui couvrent les frais de culture. Le jardinier maraîcher doit être guidé à cet égard par la règle générale, qui lui prescrit de ne produire que ce qu'il est assuré d'avance de pouvoir vendre facilement et avec bénéfice.

Citrouille.

Il se fait en France une très-grande consommation de *citrouilles*, également désignées sous leur nom vulgaire de *potirons*. On a longtemps cultivé exclusivement la grosse citrouille commune, d'un volume énorme, vide à l'intérieur, très-sujette pour cette raison à contracter la moisissure. Depuis quelques années, on lui préfère la variété connue sous le nom de *boule de Siam*, de forme aplatie, à chair épaisse, presque sans vide intérieur, d'aussi bonne qualité que l'espèce commune et d'une conservation plus facile, et la *citrouille verte de Hongrie*, à écorce verte, dont la forme et les propriétés sont à peu près les mêmes que celles de la boule de Siam.

Toutes les espèces de citrouilles sont aussi sensibles au froid que les melons et les concombres ; on ne peut les semer à l'air libre que du 10 au 15 mai. On ouvre à cet effet des trous d'un mètre de diamètre et de 50 centimètres de profondeur, qu'on remplit de bon fumier recouvert d'un décimètre de bonne terre mêlée de terreau. Chaque trou semblable reçoit trois graines de citrouille qui ne tardent pas à lever: le plant, dès qu'il a pris ses premières feuilles, a besoin d'être copieusement arrosé. On ne taille pas les tiges des citrouilles qui s'allongent en rampant surle sol, où elles enfoncent des crochets faisant fonctions de racines et contribuant à la nourriture de la plante. Les fleurs mâles se montrent en premier lieu sur le bas des tiges, puis les *mailles* ou fleurs femelles vers leur extrémité supérieure. On continue à arroser largement les citrouilles, dont le fruit grossit à vue d'œil; les tiges qui continuent à s'allonger sont rognées à deux ou trois feuilles au-dessus du fruit. Les citrouilles récoltées en automne, avant les gelées, se conservent très-bien dans un local sec à l'abri du froid.

On cultive également de la même manière le *giraumon* ou *bonnet turc*, à fruit peu volumineux, mais très-sucré et d'une saveur très-délicate. Le même mode de culture convient également aux diverses espèces de *courges comestibles*, dont la meilleure est la *courge à la moelle*, à fruit petit mais très-nourrissant.

Les fruits très-nombreux de cette courge, cueillis un peu avant leur maturité, peuvent recevoir toute sorte d'assaisonnement. Ce légume, fort usité en Angleterre, ne l'est point en France. Le jardinier maraîcher ne doit cultiver les courges autres que les citrouilles, dont le débit est toujours assuré, que quand il est certain que les produits de cette culture trouveront des acheteurs.

IVᵉ SECTION.

LÉGUMES-RACINES.

Les légumes-racines tiennent une grande place dans l'alimentation; la culture de plusieurs de ces légumes est d'une grande importance pour le jardinier maraîcher, qui doit en approvisionner les marchés des villes en toute saison, et qui peut compter sur le placement des produits de cette branche de son industrie à de bonnes conditions; la facilité de la conservation des légumes-racines en rend surtout la vente avantageuse en hiver, quand les légumes frais deviennent rares.

Les légumes-racines admis dans la culture maraîchère sont : 1° la *carotte*, 2° le *navet*, 3° le *radis*, 4° le *panais*, 5° le *salsifis*, 6° la *pomme de terre*, 7° le *topinambour*.

Les plantes à racines alimentaires admises dans la culture maraîchère sont la *carotte*, le *navet*, le *radis*, le *panais*, le *scorsonère*, la *pomme de terre* et le *topinambour*. On rattache à cette section les *plantes potagères bulbeuses*, quoique les bulbes ne soient pas à proprement parler des racines, mais des bourgeons, desquels partent les véritables racines. Ces plantes, d'un usage aussi répandu et aussi nécessaire comme assaisonnement que les autres plantes potagères, sont : l'*oignon*, le *poireau*, la *ciboule*, l'*ail* et l'*échalotte*.

§ 6. — *Carotte.*

L'origine de la carotte n'est pas douteuse; les expériences d'une irrécusable authenticité, faites par M. Vilmorin, ont prouvé que, soumise aux soins de la culture maraîchère, la carotte, qu'on rencontre partout à l'état sauvage en Europe, reproduit en deux générations la carotte cultivée.

Parmi les variétés de carottes produites par la culture, et dont aucune ne constitue une espèce distincte, botaniquement parlant, les plus volumineuses appartiennent à la grande culture, et ne sont cultivées que pour la nourriture des bestiaux; ces carottes n'appartiennent pas à la culture maraîchère. Les variétés admises dans le jardin maraîcher sont : 1° la *carotte courte précoce*, connue sous le nom de *toupie de Hollande* ; 2° la *carotte de Meaux*, rouge et demi-longue ; 3° la *carotte jaune de Flandre* ; 4° la *carotte jaune d'Achicourt* ; la *carotte rouge d'Altéringham*. Ces trois dernières sont également propres à la nourriture de l'homme et à celle des bestiaux.

Toute bonne terre de jardin, pourvu qu'elle ne soit pas trop forte, convient à la carotte ; il ne faut pas la semer sur du fumier frais en fermentation ; ce mode de fumure dispose la carotte à se ramifier en terre, ce qui lui ôte toute sa valeur vénale. On sème dans de meilleures conditions, sur un terrain fumé pour une autre culture l'année précédente. Quoique l'usage de semer la graine de carotte à la volée soit plus généralement suivi, il vaut mieux semer cette graine très-clair, en lignes espacées entre elles de 20 à 25 centimètres. Cette disposition permet de biner le jeune plant de carottes à deux ou trois reprises, ce qui favorise singulièrement la rapide formation des racines. Le plant doit être éclairci dès que les carottes ont la grosseur du petit doigt : en cet état, elles constituent un légume sain, très-recherché ; celles qui doivent acquérir tout leur volume restent ainsi espacées à 8 ou 10 centimètres dans les lignes.

On peut, sous le climat de Paris, semer la carotte hâtive dès la fin de février, au plus tard dans la première quinzaine de mars, Les semis peuvent être renouvelés au mois de juillet ; pourvu que le jeune plant soit suffisamment arrosé, les carottes ont le temps d'acquérir le volume naturel de leur variété avant les premiers froids, auxquels d'ailleurs elles sont peu sensibles ; c'est une

manière avantageuse pour le jardinier maraîcher d'utiliser des terrains sur lesquels il a récolté des légumes de
printemps. La carotte, pendant la première période de
sa croissance, a pour ennemi capital un insecte assez
semblable à l'araignée, le *théridion*, qui pique les jeunes
plantes au collet de la racine pour en sucer la séve su-
crée, et qui les fait périr. Le moyen le plus économique
de s'en débarrasser, c'est de saupoudrer de suie en poudre
les planches de jeunes carottes infestées de fausse araignée, et d'arroser largement immédiatement après. On
peut aussi employer au même usage une forte infusion de
tabac *de caporal*, versée sur les carottes sous forme de
pluie, avec un arrosoir à gerbe percée de trous très-fins;
ce dernier procédé est le plus sûr; mais comme il est aussi
le plus coûteux, il n'est usité que dans la très-petite
culture.

Près des grandes villes, il est fort avantageux de forcer
la carotte hâtive sur des couches chaudes montées successivement de la manière indiquée pour les couches à melons
(page 74). Ces couches doivent être chargées de 35 à
40 centimètres d'un mélange de bonne terre et de terreau
par parties égales, dans lequel on sème la graine de carotte; autrement les carottes en s'allongeant rencontre-
raient le fumier de la couche, et cela suffirait pour
compromettre le succès de cette culture. On sème la
graine de carotte sur couche de décembre en mars, de
mois en mois; les carottes sont successivement récoltées
quand elles ont à peu près la moitié de leur grosseur;
elles sont fort recherchées et d'une bonne défaite jusqu'à l'époque de l'année où les premiers petits pois et
les autres légumes frais abondent sur les marchés. La

carotte forcée sur couche sous châssis craint beaucoup les coups de soleil, principalement en mars : on doit tenir toujours à portée du châssis des paillassons roulés, qu'on jette par-dessus les vitrages dès qu'il survient un moment de chaleur un peu vive dans le milieu de la journée. Les carottes forcées sur couche ne doivent être arrosées qu'avec beaucoup de modération, et en cas d'absolue nécessité ; le plus souvent, l'évaporation de l'humidité du fumier à travers la couche leur suffit.

Navet.

Le navet appartient plutôt à la grande culture qu'à la culture maraîchère ; on sème cependant dans le jardin maraîcher la graine de trois espèces de navets : le *blanc long de Clairefontaine*, le *jaune de Freneuse*, et le *petit navet nankin, de Finlande*. La culture de toutes ces variétés est la même : on peut semer la graine au printemps, à la volée, ou bien en juillet et août. Cette dernière époque est le plus généralement adoptée. Il faut éclaircir les navets de bonne heure ; s'ils sont trop rapprochés, et qu'ils se gênent réciproquement, ils ne forment pas de racines, et poussent trop en feuillage. Il ne faut cultiver les navets des espèces jardinières que dans un terrain léger, où le sable domine ; dans les terres grasses très-fertiles, propres à toutes les autres cultures maraîchères, le navet pousse tout en feuilles ; il forme difficilement ses racines, qui n'ont ni leur volume normal, ni les propriétés recommandables de leur variété. C'est d'ailleurs, dans tous les cas, un des légumes les moins recherchés et les moins chers ; on ne doit donc lui ac-

corder qu'un espace très-limité dans le jardin maraîcher.

Radis.

Rien de plus simple que la culture du radis, dont on
possède trois bonnes variétés, le *rose*, le *blanc* et le
jaune ; le rose est le plus généralement adopté ; on a renoncé à la *petite rave*, dont les deux variétés, l'une *rose*,
l'autre *violette*, étaient fort en faveur en France il y a
un demi-siècle. On sème la graine de radis sur une plate-
bande à l'air libre, depuis les premiers jours de mars
jusqu'à la fin de juin ; les semis peuvent être renouvelés
en automne ; le radis ne met pas plus de 20 à 25 jours à
prendre son volume normal depuis le moment où la graine
est levée. L'interruption de la culture du radis pendant
les plus fortes chaleurs de l'été est indispensable ; à cette
époque de l'année, on ne pourrait obtenir, malgré des arrosages abondants, que des radis fendus par le bas, creux
à l'intérieur, durs et à peine mangeables. En hiver, les
radis semés sur couche en même temps que le plant de
salade donnent des produits d'une vente toujours facile
en cette saison. Il faut au radis, cultivé soit sur couche,
soit en pleine terre, beaucoup de terreau et beaucoup
d'eau ; les produits de cette culture ont peu de valeur,
mais il n'y en a pas dans le jardin maraîcher qui s'obtiennent avec moins de peine et de frais et dans un
temps plus court.

Panais.

La culture du panais ne tient pas une grande place dans le jardin maraîcher ; dans la plus grande partie de la France, l'usage de cette racine se borne à rehausser la saveur du bouillon, du traditionnel pot-au-feu ; dans quelques cantons du nord seulement, on cultive le panais sur une assez grande échelle, pour le livrer à la cuisine en qualité de légume frais, lorsqu'il est parvenu au tiers environ de son volume normal. On en possède deux espèces, l'une à *racine courte*, propre aux potagers dont le sol n'est pas très-profond, l'autre à *racine longue*, qui ne prospère que dans un sol pénétrable à une grande profondeur. La graine de panais est assez difficile à semer, à cause de la membrane qui l'entoure ; le meilleur procédé pour bien semer cette graine consiste à la répandre très-clair dans des lignes espacées entre elles à 20 centimètres. Plus tard, le plant est éclairci très-jeune, afin qu'il se trouve espacé à 20 centimètres en tous sens. Pour conserver la régularité des semis, on recouvre la graine de terre émiettée, ou mieux, de terreau, sans faire usage du râteau pour l'enterrer. Le surplus de la culture du panais est le même que pour la carotte.

Les panais cultivés pour être consommés au tiers de leur croissance sont désignés par les jardiniers du Nord et par ceux de la Belgique wallone sous le nom de *carotte de sucre* ; cuite à l'étuvée, cette racine constitue un mets échauffant, d'une saveur très-prononcée, difficilement acceptée des consommateurs qui n'y sont pas habitués.

Le panais est le plus rustique des légumes-racines, on

peut en semer la graine en automne : le jeune plant n'est pas endommagé par le froid de nos hivers les plus rigoureux. Les semis peuvent aussi être faits au printemps ; les produits des semis d'automne sont disponibles de bonne heure en été ; ceux des semis du printemps ne peuvent être arrachés qu'à l'arrière-saison ; on les réserve pour l'approvisionnement d'hiver. Car, bien que la consommation du panais ne soit jamais très-considérable, c'est cependant un des légumes-racines que le jardinier maraîcher doit être en mesure de fournir à sa clientèle en toute saison.

Scorsonère.

Le scorsonère a presque partout détrôné dans les cuisines françaises son rival et proche parent le *salsifis*, doué de la même saveur et des mêmes propriétés alimentaires ; on ne cultive presque plus le salsifis dans les jardins maraîchers ; sa culture est d'ailleurs de tout point semblable à celle du scorsonère. Comme le panais, le scorsonère est complétement insensible à l'action du froid ; on peut donc, sans compromettre le succès de cette culture, semer la graine de salsifis en septembre, dans un sol profond, léger, fumé au printemps pour une autre culture. En ce cas, la plante occupe le terrain pendant toute la belle saison de l'année suivante et donne des racines bonnes à récolter à l'entrée de son second hiver. On peut alors en arracher une partie qu'on serre à la cave, afin de n'en pas manquer pendant les fortes gelées, et laisser le reste en terre, le froid le plus intense n'ayant sur ces racines aucune action. Lorsqu'on sème la graine de scorsonère au printemps, en mars ou avril, les racines, à l'entrée de l'hiver, n'ont pas atteint leur volume normal, et il leur faut encore une année de culture avant qu'on puisse les arracher. Le scorsonère et le salsifis présentent dans leur végétation un phénomène qui ne se reproduit dans la végétation d'aucun autre légume-racine.

Ces plantes, provenant de graine semée au printemps, fleurissent et portent graine pendant l'automne de leur première année ; on coupe les tiges pour récolter la graine ; les plantes repoussent au printemps, fleurissent et portent graine une seconde fois, et leurs racines, devenues aussi groses et aussi longues qu'elles peuvent l'être, n'ont rien perdu de leurs propriétés alimentaires. Les autres légumes-racines, la carotte, le panais, le navet, dès qu'ils ont porté graine, deviennent ligneux et cessent d'être mangeables.

On doit semer la graine de scorsonère, soit au printemps, soit en automne, très-serrée, parce qu'elle ne lève jamais qu'en partie, la fécondation des fleurs étant souvent incomplète. La graine, répandue à la volée sur le terrain divisé en planches séparées par des sentiers, est recouverte avec un peu de terre prise dans ces mêmes sentiers. C'est une des graines potagères dont les oiseaux sauvages sont le plus avides ; il est bon, pour prévenir leurs déprédations, de suspendre de distance en distance des épouvantails composés de plumes plantées dans un morceau de bouchon, au-dessus des planches ensemencées en graine de scorsonère. Une fois que le plant est bien levé, il ne réclame plus d'autres soins que des sarclages et quelques arrosages en cas de sécheresses très-prolongées.

Pomme de terre.

La pomme de terre n'est admise dans la culture maraîchère qu'à titre de primeur ; on ne plante par conséquent dans le potager que les espèces les plus précoces, telles que la *marjolin*, la *chaville*, la *shaw*, et les deux variétés belges désignées sous les noms de *sept semaines* et de *neuf semaines*, à cause de la rapidité de leur végétation. Pour les rendre encore plus précoces, on expose avant l'hiver les tubercules destinés à la plantation à l'action de l'air et de la lumière, dans une chambre bien aérée et surtout bien éclairée ; en peu de temps, si l'on a soin de les retourner souvent et d'ouvrir les fenêtres tant qu'il ne gèle pas, les pommes de terre deviennent vertes sur toutes leurs surfaces, et perdent leurs propriétés alimentaires.

Mais, au lieu de s'épuiser à produire de longues pousses étiolées, comme celles qui sont conservées dans une cave obscure, les pommes de terre vertes développent des yeux courts, vigoureux et bien colorés. En janvier, on les range près les unes des autres dans des corbeilles plates, et l'on allume de temps en temps un peu de feu dans la chambre, pour que les germes des pommes de terre se développent promptement ainsi que leurs rudiments de racines. En février, soit au milieu, soit à la fin du mois, selon l'état de la température, on met ces pommes de terre en place à la manière ordinaire, mais en prenant toutes les précautions nécessaires pour ne briser ni les tiges ni les racines. Plus tard, elles sont binées, puis légèrement buttées ; les tubercules sont arrachés en mai et juin, quand ils ont à peu près les deux tiers de leur volume normal.

Cette culture serait trop peu productive par elle-même pour prendre place dans le jardin maraîcher, si elle ne s'encadrait parfaitement dans un système d'autres cultures, par le moyen de ce que les maraîchers nomment la *contre-plantation*. Aussitôt après que les pommes de terre précoces ont été buttées, on plante dans les intervalles des lignes du plant de chou, de choufleur ou de céleri, qu'on a eu soin de tenir prêt d'avance. Ce plant n'occupe pas lui-même le terrain tout le reste de l'année; quand les choux, choufleurs ou céléris sont bons pour le marché, le terrain est ensemencé en épinards ou garni de scaroles, plantes pour lesquelles il reste encore assez de belle saison, et qu'on récolte avant l'arrivée des permiers froids sérieux. Sans cette possibilité de *contre-planter* le terrain occupé par les pommes de terre précoces, jamais cette plante ne figurerait dans le jardin maraîcher.

Topinambour.

S'il y a dans le jardin maraîcher quelque coin mal exposé, dont le sol ne puisse être que difficilement élevé au même degré de fertilité que le reste du terrain, c'est la place des topinambours. Par la solidité de leurs tiges et l'ampleur de leur feuillage, les topinambours, plantés en lignes épaisses et serrées, sont éminemment propres à servir de brise-vent. Plantés dans un sol médiocre bien labouré, avec une demi-fumure, les topinambours s'emparent complétement du sol ; on les plante habituellement à la même distance que les pommmes de terre ; mais si l'on se propose d'en former un rideau capable de faire fonction d'abri contre les vents violents, il faut les planter sur deux ou trois lignes parallèles, à un décimètre de distance en tous sens. Les plus gros tubercules peuvent être coupés en prenant, comme pour les grosses pommes de terre, la précaution de les couper d'avance et de laisser les coupures se ressuyer à l'air libre pendant deux ou trois jours avant la plantation.

Le topinambour, bien qu'originaire de l'Amérique du sud, ne gèle pas en terre, même pendant les hivers les plus rigoureux du climat de la France centrale ; on peut laisser les tubercules en terre après avoir coupé les tiges vers la fin de l'automne, et n'arracher les topinambours qu'en proportion des besoins de la consommation, ce qui évite tout embarras pour les conserver. Lorsque dans un coin du jardin maraîcher des topinambours ont été plantés, soit en lignes, soit en massif, il n'est presque jamais nécessaire de renouveler la plantation ; les fragments de tubercules qui restent en terre, ayant échappé à l'arrachage, suffisent à la reproduction ; de sorte qu'on en trouve toujours à peu près la même quantité à récolter tous les ans, là où l'on en a planté une seule fois.

Plantes potagères bulbeuses. — Oignon.

Parmi les plantes bulbeuses admises dans le jardin maraîcher, l'oignon tient le premier rang ; la consommation de cette plante est fort considérable en France, soit pour la cuisine, soit pour la préparation des oignons brûlés, destinés à donner en même temps au bouillon gras un bon goût et une belle couleur.

On cultive trois variétés principales d'oignons, le *jaune*, le *blanc* et le *violet* ; le jaune est le plus usité. La graine d'oignon est semée au printemps, en mars et en avril, sans fumier, mais avec une bonne garniture de terreau. L'oignon semé sur une fumure récente pousserait tout en feuilles ; il tournerait difficilement, se fendrait en deux, et la récolte des bulbes serait à peu près nulle. Quand le jeune plant est bien levé ; il faut le sarcler, puis l'éclaircir, afin que chaque plante ait assez d'espace pour acquérir son volume normal.

Les maraîchers parisiens suivent à cet égard une excellente méthode ; ils sèment en mélange la graine d'oignon et la graine de poireau, par parties égales. Après un premier sarclage, ils laissent les jeunes oignons et le plant de poireau grandir pêle-mêle, jusqu'à ce que ce dernier soit devenu assez fort pour pouvoir être transplanté. L'arrachage du plant de poireau commence à dégager les jeunes oignons, qu'on laisse encore grandir pendant deux ou trois semaines. Les bulbes sont alors de la grosseur du pouce ; s'il est nécessaire de les éclaircir encore, on en arrache une partie qu'on vend par bottes, à l'état frais, pour servir d'assaisonnement aux petits pois. Ceux qui restent, étant alors suffisamment espacés, grossissent rapidement. On favorise la formation des bulbes en tordant les feuilles sans les détacher. L'oignon peut être récolté dès que les feuilles commencent à jaunir et à se faner, signe certain que les bulbes ne grossiront plus. On trie

habituellement les oignons pour les classer en trois gros-
seurs ; ils doivent être conservés au sec, dans un local à
l'abri de la gelée, mais plutôt frais que trop chaud. Une
température un peu trop élevée favorise trop la tendance
naturelle de l'oignon à entrer de lui-même en végétation
au printemps, ce qui le rend impropre à servir d'assaisonnement.

Aux environs de Paris et des grandes villes, on sème
beaucoup de graines d'oignon blanc, dans les conditions qui
viennent d'être indiquées ; cet oignon est arraché quand il
a atteint environ les deux tiers du volume de son espèce.
Étant plus précoce que les autres, l'oignon blanc arrive
aisément à une demi-maturité à l'époque où se trouve
épuisée la provision d'oignon jaune de la récolte précédente, ce qui en assure la vente à des prix avantageux.

On a beaucoup préconisé, il y a quelques années, la
méthode de M. Nouvellon, d'Orléans, pour la culture de
l'oignon ; elle consiste à semer en automne la graine
d'oignon très-serrée, sur une plate-bande garnie de terreau. Quand le plant est bien sorti de terre, on le laisse
souffrir de la sécheresse ; les feuilles ne tardent pas à se
faner, et les oignons, d'ailleurs très-bien formés, ne dé-
passent pas la grosseur d'un pois. Ils sont arrachés en
cet état et conservés au sec pour la plantation de l'année
suivante.

Au printemps, ils sont mis en place en lignes, à 6 ou
8 centimètres en tous sens. Les avantages de cette méthode sont de ménager la graine et d'obtenir des oignons
tous à peu près de la même grosseur ; mais, dans la culture en grand, elle exige trop de main-d'œuvre à une
époque de l'année où le jardinier maraîcher est sur-

chargé de besogne; aussi, la méthode de Nouvellon pour la culture de l'oignon est-elle peu pratiquée; elle convient pour la culture en petit, lorsqu'on désire une quantité modérée de très-beaux oignons sans mélange de petits.

Poireau.

Quoiqu'il soit moins usité que l'oignon, le poireau est d'une indispensable utilité, ne fût-ce que comme accompagnement du pot-au-feu. On sème la graine de poireau en pépinière, soit seule, soit, comme on l'a dit ci-dessus, en mélange avec la graine d'oignon. Deux espèces sont admises dans la culture maraîchère, le *poireau long commun* et le *gros court*, de Rouen. Le plant est mis en place en lignes, à la distance de 5 à 7 centimètres en tous sens; la reprise est assurée, pour peu que le plant ait été bien *habillé*, selon l'expression reçue, c'est-à-dire pourvu qu'on ait retranché le sommet des feuilles et environ la moitié de la longueur des racines. Il ne faut pas semer toute la graine de poireau en même temps, afin d'avoir du plant bon à mettre en place à deux reprises, en mai et en juin. Le poireau transplanté de bonne heure doit être débité à la fin de l'automne et au commencement de l'hiver; s'il était conservé plus tard, il ne gèlerait pas, car le froid n'a aucune prise sur cette plante; mais il monterait et formerait des tiges florales de très-bonne heure au printemps, ce qui lui ôte ses propriétés alimentaires. Celui qu'on transplante plus tard n'est pas aussi disposé à monter prématurément; toutefois, il y a toujours au printemps et au commencement de l'été une période pendant laquelle le poireau manque sur les marchés, parce que ceux de l'année précédente sont tous montés, et que ceux de la nouvelle récolte n'ont pas encore leur grosseur normale. On peut obvier en partie à cet inconvénient en semant, au commencement de septembre, un peu de graine de poireau; ces semis tardifs doivent être très-clairs. Le plant est sarclé et éclairci quand on le juge trop épais. Il passe ainsi l'hiver sans être transplanté, et ne devient jamais très-gros; mais au printemps de l'année suivante, il ne monte que beaucoup plus tard que les autres, de sorte qu'il alimente le marché, en attendant que ceux qu'on a transplantés les premiers au printemps soient prêts pour la vente.

Ciboule.

Moins usitée que le poireau, la ciboule est cependant assez utile, comme assaisonnement d'une foule de mets, pour que sa culture soit indispensable dans le jardin maraîcher. On sème en mars la graine de ciboule dans les mêmes conditions que la graine de poireau; on transplante le plant quand il a la grosseur d'un tuyau de plume; il est mis en place en lignes, à la distance de 15 centimètres au moins en tous sens, parce que chaque plant forme une touffe épaisse, de sorte que tout le terrain se trouve couvert. La ciboule n'est usitée qu'à l'état frais, comme le poireau; quoiqu'elle soit très-proche parente de l'oignon, elle ne peut être comme lui récoltée et séchée comme provision d'hiver. On fait en juillet un second semis de ciboule; le plant, moyennant une couverture légère de feuilles sèches ou de litière longue, passe bien l'hiver sous le climat de Paris; il est mis en place de très-bonne heure au printemps; il donne des touffes bonnes pour la vente longtemps avant celles qui proviennent du plant de semis faits au printemps. On possède aussi une variété de ciboule vivace qui se plante en bordure autour des carrés du potager; une fois mise en place, elle n'exige pas d'autres soins de culture que le dédoublement des touffes pour en livrer une partie à la consommation, quand elles deviennent trop épaisses.

Ail.

La culture de l'ail ne peut réussir que dans un terrain à la fois léger, riche et sec; pour peu que la plante ait à souffrir d'un excès d'humidité, elle pourrit sur place. Quoique l'ail puisse fleurir et mûrir sa graine sous le climat des départements au midi de la Loire, on ne sème jamais la graine d'ail; la plante est multipliée pas ses caïeux très-nombreux, nommés *gousses*, enveloppés d'une membrane commune ou *tunique*, dont il ne faut les dépouiller qu'au moment de s'en servir, soit pour la cuisine soit pour la plantation. Les *gousses* d'ail plantées en lignes, à 8 ou 10 centimètres de distance, soit en planches, soit en bordures, n'ont plus besoin que de quelques sarclages; il faut bien se garder de les arroser. Quand les feuilles jaunissent, il est temps d'arracher l'ail; il doit rester pendant quelques jours sur le terrain, exposé à l'air et au soleil; puis il est lié par bottes et suspendu dans un lieu sec. L'ail n'est guère cultivé en grand que dans les jardins maraîchers de nos départements du midi, pays où l'on met de l'ail dans tous les mets; il est aussi traité sur une assez grande échelle dans le canton de Roscoff (Finistère), qui en approvisionne Paris.

Échalotte.

La culture de l'échalotte, dont on connaît deux variétés, la grosse et la petite, est la même que celle de l'ail ; elle réussit dans les mêmes terrains. On ne sème pas la graine d'échalotte, qui se multiplie exclusivement par la division de ses caïeux. La végétation de l'échalotte est très-rapide ; plantée en mars, ses produits peuvent être récoltés dès la fin de mai et dans le courant de juin. Il faut avoir soin, au moment de la plantation, de ne pas enterrer trop profondément les gousses d'échalotte, dont la moitié au moins doit rester hors de terre ; sans cette précaution, elles pourrissent sur place, même quand le sol est sec et qu'il ne pleut pas plus que d'ordinaire. L'échalotte est la plus aromatique des plantes potagères bulbeuses employées dans la cuisine française en qualité d'assaisonnement ; une très-petite quantité d'échalotte hachée donne une saveur très-relevée à une foule de mets ; elle n'a pas l'inconvénient de l'ail, dont la saveur est tellement persistante que celui qui a mangé un mets fortement assaisonné d'ail est assuré d'éprouver la même sensation que s'il mangeait continuellement de l'ail plusieurs jours de suite. L'échalotte, pourvu qu'on lui choisisse un sol parfaitement exempt d'humidité, réussit très-bien sous le climat de Paris, et peut même être cultivée avec succès au nord de la vallée de la Seine.

Vme SECTION.

CULTURE DES PORTE-GRAINES.

§ 7. — *Double-échelle.*

Le succès de toutes les branches de la culture maraîchère, même quand elle est d'ailleurs conduite avec les soins les mieux entendus, peut être compromis quand on sème des graines de mauvaise qualité, et il n'est pas toujours possible de s'en procurer de bonnes dans le commerce. Il importe donc au plus haut degré de savoir bien cultiver les plantes porte-graines, et de récolter dans les meilleures conditions les graines de toute espèce de plantes potagères. La meilleure méthode pour ce genre spécial de culture est celle que pratiquent de temps immémorial les jardiniers des environs de Nancy (Meurthe), sous le nom de *double-échelle* : voici en quoi elle consiste :

On choisit d'abord les plus beaux échantillons de chaque genre de plantes cultivées le mieux possible, et l'on en récolte la graine qu'on soumet à un triage soigné. Cette graine, déjà fort bonne en elle-même, n'est pas mise dans le commerce; on la sème à part dans le meilleur sol, avec la plus riche fumure, et l'on ne livre au commerce que la graine de cette seconde génération. C'est sur cette méthode, pratiquée avec une rare intelligence, que repose la réputation des jardiniers de Nancy pour la production des graines potagères; ils en approvisionnent tous nos départements de l'est. Il serait difficile de faire mieux; mais il est possible de faire aussi bien dans toute la France, en usant du même procédé, également simple, d'un résultat certain, et d'une exécution exempte de difficultés.

On a eu soin de noter dans le cours de ce traité les plantes qui, dans la pratique de la culture maraîchère, ne sont jamais multipliées par le semis de leur graine, parce qu'on possède à leur égard assez d'autres moyens de propagation. La liste suivante comprend les plantes potagères qui ne peuvent être multipliées que de semis, et dont le jardinier maraîcher doit cultiver lui-même les porte-graines, s'il veut être certain d'en récolter la graine dans les meilleures conditions.

Haricot.	Artichaut.
Pois.	Fraisier.
Fève.	Melon.
Lentille.	Concombre.
Chou et choufleur.	Citrouille.
Céleri.	Carotte.
Cardon.	Navet.
Épinard.	Radis.
Oseille.	Panais.
Asperge.	Scorsonère.
Laitue.	Oignon.
Chicorée.	Poireau.

Haricot.

Pour conserver *franches* et exemptes d'altération les meilleures espèces de haricots, il faut d'abord isoler ceux qu'on plante pour servir de porte-graines, c'est-à-dire les éloigner des haricots d'autres espèces qui fleurissent à la même époque, et qui pourraient donner lieu à des croisements accidentels; c'est par l'effet de ces croisements que, quand on est assuré de n'avoir semé que du haricot blanc nain, on en récolte de bigarrés de diverses couleurs, qui grimpent comme des haricots de Soissons. A mesure que les cosses arrivent à maturité, on les récolte pour les conserver entières; les haricots ne doivent être écossés qu'au moment de la plantation; les cosses qui mûrissent les premières sont toujours celles qui fournissent les haricots les plus parfaits de chaque variété. Ce soin est surtout nécessaire pour conserver dans leur pureté les haricots flageolets nains hâtifs; la précocité, qui fait leur principal mérite, ne peut être conservée que quand on sème les haricots provenant des fleurs épanouies les premières, et dont les cosses mûrissent souvent près d'un mois avant les autres. On insiste sur ce point, parce qu'il arrive assez souvent que le jardinier peu expérimenté s'étonne de la dégénérescence de ses haricots précoces dès la seconde génération; il n'y a pas dégénérescence dans le vrai sens du mot; il y a seulement omission du soin indispensable qu'on vient d'indiquer.

Pois.

La précocité des pois, qualité non moins précieuse pour ce légume que pour le haricot, se conserve par les mêmes précautions. On peut sans danger semer à côté les uns des autres des pois très-hâtifs et des pois très-tardifs; comme ils ne fleurissent pas à la même époque, les seconds ne sauraient exercer aucune influence fâcheuse sur la précocité des premiers ; il faut seulement éviter de semer côte à côte des pois d'une précocité inégale, qui se trouvent en fleurs en même temps. Ceux qu'on réserve comme porte-graines seront étêtés de très-bonne heure, et l'on récoltera à mesure qu'elles mûriront les cosses des premières fleurs ; cela suffit pour conserver pure chaque variété de pois, avec l'ensemble des qualités qui la font rechercher des consommateurs.

Les fèves de marais et les lentilles dont on veut réserver les produits pour les semis de l'année suivante doivent être gouvernés comme les pois et les haricots. Les graines de toutes les plantes potagères de la famille des légumineuses peuvent conserver pendant plusieurs années leurs facultés germinatives ; mais on obtient de meilleurs résultats en ne semant que les produits de la récolte précédente, conservés dans les cosses jusqu'au moment de les semer.

Chou et Choufleur.

C'est surtout aux choux de toute sorte, ainsi qu'aux choufleurs et aux brocolis, qu'il est utile d'appliquer l'excellente méthode de la double-échelle décrite ci-dessus (page 98). Pour avoir de bonne graine de tous les choux pommés, il faut d'abord éloigner les uns des autres les porte-graines de chaque espèce, car toutes fleurissent au printemps à la même époque, ce qui rend entre voisins les croisements accidentels inévitables. On coupe à l'entrée de l'hiver les pommes des choux qu'on a eu soin de marquer comme les meilleurs de chaque variété. Les trognons sont laissés à la place où le plant a été transplanté pour former la pomme. Des les premiers beaux jours de la fin de février, la coupe horizontale de chaque trognon est fendue en quatre par deux incisions de quelques centimètres de profondeur, qui se croisent à angle droit. Cette opération a pour effet de hâter la croissance des jeunes pousses, que chaque quart de trognon ne tarde pas à émettre. S'il s'en développe plusieurs, on en laisse une seule de chaque côté, afin qu'elle végète avec plus de vigueur. Dès que le sommet de chaque pousse commence à fleurir, on le pince à 5 ou 6 centimètres, pour favoriser la croissance des pousses latérales florifères. Celles-ci sont pincées à leur tour de la même manière quand leur floraison est assez avancée. Il ne reste ainsi sur chaque tige florale qu'un petit nombre de siliques remplies des graines les plus parfaites possibles.

Les choux qui ne pomment pas, tels que les choux verts et les choux *spruit* de Bruxelles, ne doivent pas être soumis tout à fait au même procédé; on laisse monter la tige centrale après que tous les jets, dont chacun représente en petit une pomme de chou, ont été récoltés. Cette tige, quand elle se dispose à fleurir, est pincée à un décimètre de longueur; si les pousses latérales semblent trop nombreuses, on en retranche une partie et l'on pince les autres, toujours d'après ce principe que les graines des pousses latérales des plantes de la famille des *Crucifères* valent mieux que celles des pousses centrales, et que ces graines sont d'autant meilleures qu'on laisse sur chaque ramification des porte-graines un moins grand nombre de siliques.

La même méthode s'applique à la récolte des graines

des différentes variétés de choufleurs. Au lieu de laisser monter, selon la coutume vicieuse de beaucoup de jardiniers, les fleurs des pommes les plus défectueuses qu'on ne peut vendre, il faut réserver pour porte-graines les têtes les plus parfaites, et, dès qu'elles fleurissent, les étêter et les traiter du reste de point en point comme les porte-graines des autres espèces de choux. Ces graines conservent plusieurs années leurs propriétés germinatives ; ce sont celles de deux ans qui donnent le plant le mieux constitué.

Céleri.

Il importe de choisir comme porte-graines les pieds les plus vigoureux de chaque variété de céleri, en leur appliquant la méthode de la double-échelle. Si, selon l'usage le plus ordinaire, on laisse monter et fleurir des plantes peu robustes, la plus grande partie de la graine n'est pas fécondée et ne lève pas. Les porte-graines plantés dans une terre riche et profonde, à l'exposition du midi, doivent être largement arrosés jusqu'après leur floraison. Dès que les graines sont mûres, les tiges sont coupées, reliées en bottes et suspendues dans un local exempt d'humidité. Lorsqu'on veut les employer pour les semis, il ne faut pas les détacher toutes indistinctement ; celles des bords extérieurs des ombelles sont les mieux fécondées ; elles lèvent presque toutes, tandis que celles du centre des ombelles, n'étant qu'imparfaitement fécondées, sont en grande partie stériles et ne lèvent pas. La même précaution s'applique au triage des graines de toutes les plantes potagères de la famille des *Ombellifères*.

Cardon.

Les pieds de cardons qu'on destine à servir de porte-graines sont plantés, fumés, arrosés comme les autres ; mais on se garde bien de relier leurs feuilles et de les couvrir, comme on le fait à l'égard de ceux dont les côtes étiolées doivent être livrées à la consommation. Dès que les fleurs épanouies se disposent à se flétrir, on les enveloppe d'un morceau de gaze ou de mousseline très-claire ; sans cette précaution, les oiseaux sauvages, particulièrement les chardonnerets, très-avides des graines de cardon, les dévoreraient sans même leur laisser atteindre leur complète maturité.

Épinard.

L'épinard ne porte graine qu'à sa seconde année ; la plante est *dioïque*, c'est-à-dire qu'elle porte des fleurs mâles et des fleurs femelles sur des pieds séparés ; il faut, dans les semis d'épinard dont on se propose de récolter la graine, conserver tous les pieds mâles, bien qu'ils ne puissent pas donner de graines, sans quoi, les fleurs femelles n'étant qu'imparfaitement fécondées, les semis faits avec leurs graines lèvent très-inégalement.

Oseille.

L'un des défauts de l'oseille, c'est sa tendance à monter sans interruption pendant toute la belle saison, du printemps à l'automne, de sorte que le jardinier est sans cesse occupé à retrancher des tiges florales inutiles, qui repoussent à mesure qu'on les coupe ; ces tiges sont cueillies un peu avant la complète maturité des graines, qui tombent aussitôt qu'elles sont mûres ; on les porte sous un hangar, où la graine achève de mûrir ; elle peut alors être récoltée sans perte.

Asperge.

Pour récolter de bonne graine d'asperge, on laisse sur pied, jusqu'à ce qu'elles jaunissent, les tiges chargées de baies mûres ; ces baies ne sont récoltées qu'en novembre, après quoi l'on coupe au niveau de terre les tiges qui les ont produites. On laisse sécher les baies sur une tablette, dans un local sain et bien aéré ; dès qu'elles sont bien sèches, on les fait tremper dans l'eau pendant vingt-quatre heures : la pulpe ramollie s'en détache alors aisément. On en sépare par le lavage les graines qui doivent être d'un beau noir, et on les fait sécher à l'ombre pour les employer aux semis de l'année suivante.

Laitue.

Dans la plupart des plantations de laitues, surtout si le sol est naturellement sec et qu'il ne soit pas suffisamment arrosé, il y a toujours trop de laitues qui montent au lieu de pommer. Si l'on veut que la graine soit bonne et qu'elle donne du plant disposé à bien pommer, il ne faut pas récolter la graine des laitues montées avant d'avoir formé leur pomme. On laisse monter et fleurir quelques-unes des plus belles pommes de chaque variété, afin d'en récolter la graine. Des épouvantails de plumes doivent être placés près de ces porte-graines pour écarter les chardonnerets qui en sont très-avides. Les porte-graines de chaque variété doivent être plantés assez loin les uns des autres pour éviter les croisements accidentels.

Chicorée.

La graine des différentes variétés de chicorée frisée, de scarole et d'endives, ne peut être récoltée que sur les plantes de deux ans, parce que la chicorée sauvage, dont toutes ces variétés tirent leur origine, est une plante bisannuelle. On fait choix des plus belles plantes pour porte-graines, et l'on s'abstient de les lier pour les faire blanchir par étiolement, comme celles qui doivent être mangées en salade. Ces plantes ont besoin d'une couverture de feuilles ou de litière sèche, qui les préserve de l'action des fortes gelées ; on doit, comme pour les laitues porte-graines, isoler soigneusement les variétés pour que les croisements ne les fassent pas dégénérer.

Artichaut.

Les pieds d'artichaut réservés comme porte-graines ne doivent conserver chacun que la tête qui termine la tige centrale ; il faut supprimer les pousses latérales et leurs têtes à mesure qu'elles se produisent. Dès que les fleurs commencent à se faner, on les enveloppe comme celles des cardons, auxquelles elles ressemblent à s'y méprendre, afin de les préserver des atteintes des oiseaux. Les porte-graines des artichauts doivent être éloignés de ceux des cardons.

Fraisier.

Les *coulants* des fraisiers et les rejetons enracinés des variétés qui ne filent pas suffisent amplement à la propagation de cette plante. Il n'y aurait pas lieu d'en récolter la graine, s'il n'était démontré par l'expérience que le plant de semis est utile pour rajeunir périodiquement les bonnes variétés, et leur conserver toutes leurs propriétés recommandables ; on sème aussi la graine des fraisiers des meilleures espèces, dont on espère obtenir de nouvelles variétés. On laisse mûrir aussi complétement que possible les plus belles fraises de chaque espèce, puis on les expose au soleil, afin qu'elles se dessèchent complétement ; la graine s'en détache alors avec facilité. Il faut la semer sans retard, car c'est une de celles qui perdent le plus promptement leurs facultés germinatives.

Melon.

Il n'est jamais nécessaire de cultiver à part des melons destinés à servir de porte-graines, mais il importe de ne récolter pour les semis que la graine des plus beaux fruits de chaque espèce, pris dans une melonière où une seule variété est cultivée ; ce point est très-essentiel pour éviter les mécomptes résultant des dégénérescences par croisement.

Concombre.

La graine de concombre et de cornichon n'est parfaitement mûre que quand les fruits qui la contiennent tombent en pourriture. On doit, en conséquence, laisser pourrir sur pied un certain nombre des plus beaux fruits de chaque variété et en séparer la graine par le lavage, quand la pulpe commence à entrer en décomposition. Elle est séchée à l'ombre et conservée au sec pour les semis de l'année suivante.

Citrouille.

Il n'y a pas de plantes potagères qui soient plus facilement altérées par les croisements que celles de la famille des *Cucurbitacées*, citrouilles, giraumons et courges de toute espèce. On ne doit donc récolter la graine que dans des fruits provenant de plantes cultivées loin de celles dont le voisinage aurait pu les croiser et les faire dégénérer.

Carotte.

Il ne faut pas retrancher le collet des carottes porte-graines comme on retranche celui des carottes conservées dans les caves ou dans les silos. Après avoir fait choix des plus belles carottes de chaque variété, on retranche à l'entrée de l'hiver les feuilles autres que celles du centre; les carottes sont alors plantées en jauge au pied d'un mur à l'exposition du midi. Pendant les gelées, on les couvre de feuilles ou de litière sèche; on les découvre chaque fois que la température le permet. Au printemps, les carottes ainsi conservées sont mises en place à 40 ou 50 centimètres de distance en tous sens, selon le volume de chaque variété. Quand la graine est mûre, les tiges chargées de graines sont coupées, reliées en bottes, et suspendues dans un lieu sec. A l'époque des semis, la graine des carottes est détachée des ombelles avec les mêmes précautions qui ont été indiquées pour le triage des graines de céleri : si elles sont détachées indistinctement, on s'expose à semer des graines dont une grande partie n'est pas fécondée et ne lève pas.

Navet et Radis.

Les navets et les radis porte-graines doivent être choisis parmi les mieux conformés de chaque espèce ; la graine est plus parfaite et donne des plantes plus franches l'espèce, quand on prend soin d'étêter les porte-graines comme ceux des choux, au début de la floraison, et de ne laisser à chaque porte-graine qu'un nombre modéré de siliques.

Panais.

Les panais porte-graines sont soumis exactement au même mode de culture que les carottes, et les graines sont détachées des ombelles avec les mêmes précautions.

Scorsonère.

On a vu (page 87) que le scorsonère et le salsifis fleurissent et portent graines deux ans de suite, contrairement à la manière de végéter des autres plantes potagères qui meurent après avoir mûri leur graine ; on ne doit récolter la graine de ces deux plantes que sur des porte-graines de seconde année.

Oignon.

Au moment de la récolte des oignons, les plus beaux et les mieux conformés de chaque variété doivent être mis à part comme porte-graines. De bonne heure, au printemps, ils sont mis en place en bon terrain fumé l'année précédente. Quand les tiges florales, qui sont creuses et peu consistantes, commencent à s'allonger, on les attache à des tuteurs pour empêcher le vent de les briser et de les rompre avant la maturité de la graine. Quand la graine d'oignon est mûre, elle forme au sommet des tiges un bouquet de forme sphérique ; ces bouquets sont reliés en bottes et suspendus dans un local sec ; la graine n'est épluchée qu'au moment de s'en servir pour les semis.

Poireau.

Le poireau monte en graine au printemps de sa seconde année. On laisse en place comme porte-graines quelques-uns des pieds les plus vigoureux ; la rusticité de leur tempérament leur permet de passer l'hiver à l'air libre, sans aucune protection. Les tiges florales ont besoin, comme celles de l'oignon, d'être soutenues par des tuteurs ; on conserve les graines dans leurs capsules ; elles sont épluchées seulement au moment de les semer.

FIN

TABLE DES MATIÈRES.

CLICHY. — Impr. de Maurice Loignon et Cie, rue du Bac-d'Asnières, 12.

L'INDUSTRIE MODERNE
RÉCITS FAMILIERS
PRÉCÉDÉS
D'UNE ÉTUDE SUR LES EXPOSITIONS INDUSTRIELLES,
Par Louis FORTOUL.

L'IMPRIMERIE. — LA PAPETERIE. — LE VERRE. — LE BOIS. L'ARGILE. — LE SEL. — LES INSTRUMENTS DE MUSIQUE. — LES CUIRS ET LES PEAUX. — LE SUCRE.

Un beau vol. in-18 jésus, avec vignettes dans le texte.

Prix, broché ou cartonné : 1 fr. 50.

LECTURES
DES
SOIRÉES D'HIVER
PAR
S.-H. BERTHOUD.

Un beau volume in-18 : 1 fr. 50 c.

Ce volume offre une série de lectures tout à la fois morales, agréables et instructives.

On ne saurait, en effet, mieux employer les longues soirée d'hiver qu'à parcourir ce livre, où le récit des épisodes les plus intéressants est relevé par une forme littéraire dont la simplicité n'exclut jamais l'élégance.

Ces lectures sont au nombre de neuf; elles sont ainsi intitulées : — L'Ami du chevalier de Forbin; — Histoire de chasses; — Mes Aventures en Perse; — Toby; — Une Reine sans le savoir; — Les Serments de maître Van-Oort; — Le Prix d'une consultation; — Ludolf; — Le Bonheur d'être fou.

Quelques-uns de ces récits sont historiques, ce qui ajoute encore à l'intérêt qu'ils offrent au lecteur.

LA BOTANIQUE AU VILLAGE
Par M. S. Henry BERTHOUD.

1 VOLUME IN-18. — PRIX : BROCHÉ OU CARTONNÉ : 1 FRANC 50 CENT.

Cet excellent livre se compose de récits dialogués, dans lesquels l'auteur fait un véritable cours de botanique à ses lecteurs, et, chemin faisant, les intéresse à son enseignement par de charmantes digressions, de courtes historiettes, que le moindre incident, la plus simple observation, soulevée par l'un des interlocuteurs en scène, provoquent naturellement.

La Botanique au village comprend dix-sept chapitres, qui se distinguent à l'envi par l'intérêt et l'utilité pratiques.

Voici les titres de ces chapitres, dans l'ordre que l'auteur leur a assigné : — une Rencontre ; — au Bord de l'eau ; — le Cueilleur de champignons ; — Entre la coupe et les lèvres ; — Quelques phénomènes végétaux ; — un Baromètre économique ; — Où il s'agit d'une carotte et de beaucoup de roses ; — Histoire d'une rose ; — l'Horloge, le Calendrier et le Baromètre de fleurs ; — Petit cours de Botanique ; — la Graine ; — la Végétation ; — le Fruit ; — le Péricarpe ; — Organisation de la plante, sa nutrition et son accroissement ; — Nutrition, Respiration et Accroissement des végétaux ; — de la Classification ; — Conclusion.

LES
VEILLÉES DE JEAN RUSTIQUE
SIMPLES ENTRETIENS
SUR
LES ANIMAUX UTILES ET NUISIBLES
PAR J. PIZETTA
Auteur du Livre populaire d'Histoire naturelle.

1 BEAU VOLUME IN-18, ORNÉ DE PLUS DE 100 VIGNETTES.

Prix : 1 fr. 50 c.

DICTIONNAIRE USUEL
D'HISTOIRE ET DE GÉOGRAPHIE
Publié par Ch. LOUANDRE.

Un fort vol. in-18 de 500 pages, sur deux colonnes, papier glacé et satiné.

DEUXIÈME ÉDITION, REVUE ET AUGMENTÉE D'UN SUPPLÉMENT.

Prix, cartonné ou broché : 4 fr.

Facile à consulter, abondant en indications de toutes sortes, mais précis dans la forme, concis sans obscurité, ce Dictionnaire donne, comme on le ferait dans la conversation, sur les diverses spécialités dont il traite, une réponse qui se grave tout à la fois dans la mémoire par la définition et l'analyse.

Outre l'histoire et la géographie, ce volume contient encore de très-nombreux articles biographiques et quelques notions d'archéologie et de philologie.

Dans la partie historique, on s'est attaché, pour les temps antiques et pour les temps modernes, aux faits essentiels, à ceux dont le souvenir se représente le plus ordinairement à la mémoire des hommes, et qui marquent une date mémorable dans la vie des peuples. Tout ce qui se rattache à la France, à ses anciennes institutions judiciaires, politiques et administratives, a été l'objet d'une attention particulière ainsi que de développements un peu plus étendus, et on peut dire que la réunion des divers articles qui concernent notre glorieuse patrie forme comme le résumé substantiel de ses annales.

Dans la géographie, on a toujours indiqué, aux notices des divers États, les changements politiques, les races primitives, les invasions et les émigrations, le chiffre de la population, les dynasties principales, la date de leur avénement et de leur chute; de telle sorte que, dans cette partie du livre, la statistique et l'histoire complètent toujours la géographie proprement dite.

Dans la partie biographique, on s'est efforcé de résumer, en quelques mots précis, les traits les plus saillants du talent ou de la destinée des personnages célèbres; et aux articles des souverains, le caractère de leur règne et l'influence qu'ils ont exercée sur la société de leur temps: on ne s'est, du reste, occupé que des morts, les vivants n'appartenant pas encore à l'histoire.

Jamais, nous pouvons le dire sans crainte d'être taxé d'exagération un plus grand nombre de faits, de dates, d'indications de toute nature n'ont été réunis dans un même nombre de pages; jamais livre du mêm genre n'a présenté de pareilles conditions de bon marché et d'éléganc typographique.

LES GRANDES ÉPOQUES

DE LA FRANCE

PAR MM.

HUBAULT

Professeur d'histoire au Lycée Louis-le-Grand;

MARGUERIN

Directeur de l'École municipale Turgo.

XVIIᵉ et XVIIIᵉ siècles.

Henri IV et Sully. — Louis XIII et Richelieu. — Louis XIV. — La royauté sous Louis XV. — Conditions des classes laborieuses à la mort de Louis XV. — Condition des classes privilégiées. — Esprit du XVIIIᵉ siècle. — Turgot et Malesherbes. — Ministère de Necker. — Les derniers ministres de la monarchie. — La veille de la Révolution, etc.

En prenant pour point de départ le xviiᵉ et le xviiiᵉ siècles, les anteurs de ce livre se sont surtout attachés à faire connaître l'histoire des diverses classes de l'ancienne société française, et surtout des classes laborieuses, et à montrer par la comparaison des temps quels devoirs nouveaux imposent au cultivateur et à l'ouvrier les institutions libérales qui régissent aujourd'hui le travail.

DICTIONNAIRE USUEL
DES SCIENCES

RÉDIGÉ

Par MM. BOILLOT, BOULANGER, DUCROS, E. D'ORVAL, FRINN,
P. LABITTE, LAGARHIGUE, LÉVY, MARCOTTE, YSABEAU, etc.,

ET PUBLIÉ SOUS LA DIRECTION

De Ch. LOUANDRE

Rédacteur en chef du *Journal général de l'Instruction publique.*

Astronomie — Cosmographie — Géologie — Météorologie
Physique — Chimie — Zoologie — Botanique — Minéralogie
Agriculture — Anatomie — Physiologie.

Un fort volume anglais. — Prix broché ou cart. : **4 fr.**

Exécuté sur le même plan que le *Dictionnaire usuel de géographie et d'histoire*, on s'est efforcé, dans le nouveau *Dictionnaire*, de ne présenter que des faits essentiels, des notions précises, des définitions simples et claires, de résumer, en un mot, sous une forme élémentaire, les notions les plus variées de la science mises au courant des plus récentes découvertes.

Ce *Dictionnaire* embrasse dans son ensemble toutes les sciences cosmologiques proprement dites, c'est-à-dire celles qui ont pour objet l'étude des merveilles de la création, des éléments divers qui la constituent, des phénomènes dont elle est le théâtre et des êtres qui la peuplent.

Le cadre à suivre était donc tout tracé : il devait comprendre l'astronomie, la cosmographie, la géologie, la météorologie, la zoologie, la botanique, la physique, la chimie. — *Le miracle visible du monde*, voilà l'objet de ce livre. Il ne s'adresse donc point aux savants de profession, ou à telles ou telles spécialités ; il s'adresse à tous ceux dont le spectacle de la création éveille la curiosité, et qui désirent connaître les plus importantes explications de la science sur les phénomènes de la nature et de la vie.

Ajoutons que ce *Dictionnaire* est précédé d'une *Introduction* remarquable de précision et d'exactitude. L'auteur y jette un coup d'œil sur l'histoire des sciences ; il établit leurs divisions et classifications, et les passe en revue dans les trois grandes périodes de l'antiquité, du moyen âge et des temps modernes.

9 782329 293110